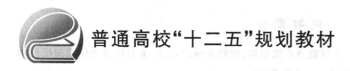

普通高校"十二五"规划教材

航空发动机维修性工程

陈志英　陈　光　编著

北京航空航天大学出版社

内 容 简 介

本书紧密结合航空发动机的结构特点,介绍航空维修原理、维修大纲的制订、维修性参数体系与模型构建、定性维修性设计与分析、视情维修与健康管理方法等内容。

本书可作为高等院校飞行器动力工程专业和交通运输专业本科生的教材,也可作为航空工程专业硕士研究生的教材,同时可供从事航空发动机设计与维修工作的工程技术人员参考。

图书在版编目(CIP)数据

航空发动机维修性工程 / 陈志英,陈光编著. --北

京 : 北京航空航天大学出版社,2013.9

ISBN 978 - 7 - 5124 - 1256 - 9

Ⅰ.①航… Ⅱ.①陈… ②陈… Ⅲ.①航空发动机—

故障修复—教材 Ⅳ.①V263.6

中国版本图书馆 CIP 数据核字(2013)第 216801 号

航空发动机维修性工程

陈志英   陈 光 编著

责任编辑   王 实

*

北京航空航天大学出版社出版发行

北京市海淀区学院路 37 号(邮编 100191)   http://www.buaapress.com.cn

发行部电话:(010)82317024   传真:(010)82328026

读者信箱: bhpress@263.net   邮购电话:(010)82316936

北京建宏印刷有限公司印装   各地书店经销

*

开本:787×960   1/16   印张:11.75   字数:263 千字

2013 年 9 月第 1 版   2021 年 8 月第 3 次印刷

ISBN 978 - 7 - 5124 - 1256 - 9   定价:39.00 元

前　言

　　航空发动机是一个复杂的旋转机械,在承受高载荷与高温的同时,还要求在质量和尺寸限定条件下追求高性能指标,同时要保证高可靠性、长寿命、易维修。因此,航空发动机是受多目标、多约束、多因素影响的设计过程,其结构设计是一个非常繁杂的系统工程,一旦在设计阶段某影响因素未考虑周全,其所产生的问题就会在运行阶段暴露出来,影响发动机的正常工作。

　　20世纪80年代中期,我国从欧美国家大量购进飞机,为使国内民航维修企业从定期维修转为以视情维修为主的维修策略,1985年由当年的中国民航总局立项,开展民用发动机状态监视与故障诊断课题研究。当年参加该项目的有中国民用航空学院(即现在的中国民航大学)、北京航空学院(即现在的北京航空航天大学)、北京飞机维修基地(即现在的北京飞机维修工程有限公司AMECO),主要针对波音公司的B767和B747飞机使用的普惠公司JT9D系列发动机开展监视手段和诊断方法研究,后期为扩展到空客机型使用的GE公司CF6—80系列发动机,东方航空公司机务部也加入了项目组。作者陈志英教授在多年该项目研究中有幸接触并深入了解了民航维修企业的运营与管理,并开始不断地跟踪民航维修技术与管理工作。2000年,学校获批“交通运输工程”一级学科博士学位授予权。2001年,学校增设了本科生“交通运输(民航机务维修)”专业,开始成规模地为民航机务维修方向培养高级专门人才。为适应对民航专门人才的需求,学校组织编写系列讲义,作者开设了“航空发动机维修性工程”必修课,同时编写了讲义供课堂教学使用。经过十多年的试用,作者跟踪并收集了国内外有关发动机维修方面的资料,参考已经出版的航空维修工程方面的相关书籍,紧密结合航空发动机的特点,经过修改、补充、完善了本教材。

　　作者陈光教授从事航空发动机结构设计的教学和科研工作近60年,曾担任航空工业部门重点发动机型号研制的咨询顾问工作,多次参与民用发动机故障分析,积累了丰富的知识与经验。本教材的部分案例选自陈光教授出版的专著和学术论文。

随着我国大飞机国家重大专项立项，中国商用飞机有限责任公司与中航商用发动机有限责任公司相继成立，大飞机与民用航空发动机的研制工作使相关人才更加紧缺；同时也对航空发动机的研制人员提出了更高、更具体的要求，即需要一批从事航空发动机设计特别是融入维修性要求的结构设计人员，这就要求有相应的教材与专著。

本书系统介绍维修性设计原理和方法，紧密结合航空发动机的特点，介绍航空维修原理、维修大纲的制订、维修性参数体系与模型构建、定性维修性设计与分析、视情维修与健康管理方法等内容。

本书可作为高等院校飞行器动力工程专业和交通运输专业本科生的教材，也可作为航空工程专业硕士研究生的教材，同时还可供从事航空发动机设计与维修工作的工程技术人员参考。

陈志英　陈　光

2013 年 7 月

目 录

第1章 绪 论

1.1 基本概念

在航空发动机设计阶段就要考虑发动机投入使用后的安全使用与维修成本,维修性设计是既要减少维修的需求,也要避免造成维修的困难程度。发动机结构必须满足维修人员尽可能快速并低成本完成维修工作的要求。

1.1.1 定 义

1. 维修性

定 义 某一系统(产品)在预定的维修级别上,由具有规定的技术水平的人员,利用规定的程序和资源进行维修时,保持或恢复到规定的状况的能力。

维修性关心的重点是使设计出来的系统在发生故障时能尽快地加以修复。它是一个设计特性,设计目标是维修人员能以低的费用,快速而方便地进行维修。

航空发动机的维修性是指对发动机维修的难易程度。由于航空发动机的结构日益复杂,在设计中考虑维修的方便性和经济性,已成为保证发动机使用的可靠性,提高发动机的出勤率,以及降低总寿命周期费用的重要手段。

2. 维 修

定 义 维持系统(或产品)正常使用状态,或发生故障后将它恢复到正常使用状态而采取的各种活动。

维修是与系统使用相关的各种活动,如技术保养、维护、修理、改进、更换、更新、改装、翻修、检查及健康监视与故障诊断等。

负责波音 B777 飞机设计的前总机械师杰克·赫斯布尔格也给维修下了一个定义:"维修师保持或恢复飞机完整性和性能所必需的措施。"

维修根据其目的与时机通常可以分为修复性维修和预防性维修。维修的目的和时机不但包括了产品在使用过程中发生故障时进行修复,以恢复其规定状态,而且包括在故障前,预防故障以保持规定状态所进行的活动。

航空发动机维修的目的就是要恢复其应有的性能,恢复其可靠性,符合新发动机出厂要求,达到延长寿命的目的。由此可见,在维修时间、条件、程序、方法和成本等约束条件下,如何实现高效益的维修,是在设计之初需要考虑的。

3. 维修性工程

定　义　为了达到产品的维修性要求所进行的一系列设计、研制、生产和试验工作。

在产品的研制过程中,对于产品维修性的设计、分析与验证。它的主要工作是在设计研制部门及其人员中进行的,涉及可测试性、可达性、可见性等。

维修性工程是产品研制系统工程的重要部分。维修性工作要与产品整个论证、设计、试制、试验等一起计划和实施。维修性工程活动中除了管理性工作和某些高层次产品的建模、分配、预计及建立设计准则等主要由专门的维修性工程人员完成外,各层次产品的维修性设计与分析工作主要靠各层次产品的工程设计人员来完成。

维修性工程与可靠性工程有最为紧密的关系,与综合保障工程也有密切关系,还与人机工程、安全性工程等有关。

4. 维修工程

定　义　运用各种工程及管理技术来保证产品能够进行有效而经济的维修的一门学科。它代表用户的需要,保证对产品进行及时、充分而经济的维修。

它的特点表现在与其有关的领域中,包括:可靠性工程、维修性工程、人机工程、安全性工程、质量保证与质量控制、标准化技术、系统工程和配置管理等。

维修级别包括使用现场级、中间级和维修基地级。军用可分为外场、野战和后方。民航可分为航线、机库和维修车间。

1.1.2　特　点

面临现代航空发动机设计采用更多的新材料、新结构、新工艺,航空发动机结构设计并不是趋于复杂,而是要求维修技术趋于简便,使飞机具有安全性、适航性和可维修性;并且随着每一种新型号或现有型号的改型发动机的产生,都要制订相应详细的维修大纲。对于航空公司需根据初始的维修大纲制订出自己的维修计划,以适应各种运营的需要,从而保证各种情况下的持续适航能力。

产品的设计不仅受到客观条件限制,而且还受其他人为条件的限制。同样,设计航空发动机及其部件,设计工程师要使设计完美,可能会受到现代科学技术的限制,或受经济上的限制。特别是面对市场的竞争,当要投入批量生产时,成本因素使得近乎完美的产品要进行重新设计,这就意味着,重新设计可能放宽了公差等要求,或采用更便宜的材料,而这样需要的维修工作量就越多。

随着航空发动机及其部件的使用,其性能会出现衰变。有时操作者的使用不当,也会引起发动机及其部件的性能过早变差,甚至直接造成损坏。这种变坏标志着系统的总熵在增大,设计工程师的工作是在设计工程中尽量减少系统的熵,而机务工程师的工作是在系统使用寿命期内努力降低该系统熵值的持续增长。

当性能劣化到一定程度时,就要采取一些纠正措施,诸如对发动机进行调整、润滑、清洗、修复,甚至换件,以便使其性能恢复到原来设计的水平。这就是预防性维修,通常按定期间隔进行,阻止系统性能降低到不能使用的水平,并保持系统处于可使用的状态。这也称为计划性维修,可以是每天、每次飞行、每 200 个循环,或者每 300 飞行小时。当在未预料的时间间隔发生故障时,需要对零部件进行更换、翻修或大修,排除故障所采用的维修措施称为非计划性维修。

通俗地讲,制定维修方案涉及的主要方面可以从 5W+1H 角度考虑,即:

> What   何部件需要维修?

> When   什么时间维修?

> Where 在哪儿维修?

> Who   谁来维修?

> Why   为什么维修?

> How   怎么维修?

有关维修性的国家军用标准如下:

GJB 368B—2009《装备维修性工作通用要求》;

GJB 2072—1994《维修性试验与评定》;

GJB 1378—1992《装备预防性维修大纲的制定要求与方法》;

GJB 450A—2004《装备可靠性工作通用要求》;

GJB 451A—2005《可靠性维修性保障性术语》;

GJB 841—1990《故障报告分析与纠正措施系统》;

GJB 241—1987《航空涡轮喷气和涡轮风扇发动机通用规范》;

GJB 242—1987《航空涡轴和涡桨发动机通用规范》;

GJB 312.3—1987《航空发动机维修品质的一般要求》;

GJB 1909.1—1994《装备可靠性维修性参数选择和指标确定要求(总则)》;

GJB 1909.5—1994《装备可靠性维修性参数选择和指标确定要求(军用飞机)》;

GJB 1909A—2009《装备可靠性维修性保障性要求论证》。

1.2　航空维修原理

1.2.1　传统维修思想

早期的飞机比较简单,通常只有很少几种故障模式,又没有余度保护。于是,人们对飞机及其机件产生了"机件要工作,工作必然磨损,磨损引起故障,故障危及安全"的直观认识。当时的检测手段也局限于对机件进行离位检测,即需将机件由飞机上拆下送往车间进行分解检测,从此产生了以定期全面翻修为主的传统预防维修思想。西方国家称为"翻修期控制"思想,认为必须通过按使用时间进行的预防性维修工作,即通过经常检查、定期修理或定期报废来控制飞机的可靠性。这种思想的可靠性物理模型就是著名的浴盆曲线。这种传统的维修思想的要点是:

① 故障的发生、发展都与时间有关;

② 任何一个机件出了故障都可能直接影响安全;

③ 通过多做维修工作可以预防故障;

④ 每个机件(产品)都存在耗损区,采用单一的定期维修方式和离位拆卸的办法可排除和预防故障。

20 世纪 50 年代中后期,一些生产和使用飞机的主要国家,几乎同时在飞机维修上遇到了麻烦。主要是:由于经常从飞机上拆卸机件并进行大量不恰当的修理工作,使机件的利用率很低;绝大多数机件的单独寿命没有被充分利用;机件修理后的故障率反而增高,对可靠性产生不利影响。随着新型飞机性能优越,安全性和可靠性也有所改进,飞机的复杂性也大为提高,导致原有的维修人员和维修手段在数量和质量上都不能满足要求,人力物力的增加又受到种种限制,从而迫使各国航空维修部门从改革中寻找出路。美、苏两国空军大都从维修作业的组织体制上进行改革,而美国民用航空部门走了一条完全不同的道路,研究和发展了航空维修理论,其影响波及了全球各国的民用与军用航空部门。

1.2.2 现代航空维修思想的形成

20 世纪 50 年代后期,民用航空公司的机队已经发展到相当的规模,有了充分的数据资料来对预防活动的有效性进行研究,而且高昂的维修费用促使航空公司寻求节支的途径。经验表明,航空公司用预定翻修方针的任何可行的改善来控制某些型别发动机的故障是不可能的。因此,在 1960 年组成了包括美国联邦航空局(FAA)和各航空公司代表的工作组来调查预定维修的能力。经研究,惊人地发现了以下现象并得出结论:

① 除非存在一种起支配作用的故障模式,否则定期翻修措施对复杂设备的翻修没有什么作用;

② 有许多机件,没有一种预定维修方式对它是有效的。

美国联合航空公司为了论证翻修时限的延长不会使飞机的总可靠性降低,绘制了许多部件的故障率曲线,发现航空机件的故障率曲线有 6 种形式,如图 1-1 所示。

包括浴盆曲线在内,有耗损期的三种类型曲线仅占 11%,活塞式发动机、单体机件、简单机件符合这种特性。无耗损期的故障类型占 89%,如发动机的某些部件、附件以及电子设备在内的复杂设备符合这种类型,由于无耗损期,因而也不需要规定使用期限,对这类机件进行定期维修是不必要的。其结论是:多数类型的发动机只有早期故障的偶然故障期,而无耗损的故障期。复杂设备无耗损期这一种规律的发现,推翻了浴盆曲线适用于一切情况的假设,是对

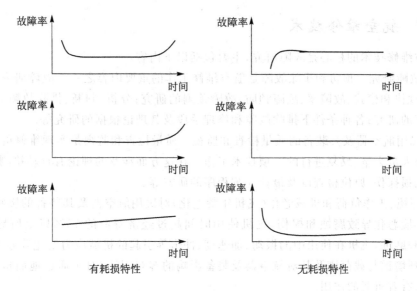

图 1-1　故障率与时间的关系曲线

浴盆曲线的重要发现,从根本上动摇了传统的全面定期翻修的做法,并得出以下结论:

① 可靠性是由设计制造所决定的固有性能,有效的维修能恢复其固有可靠性,但不能使其提高。

② 设备中零件何时出现故障是偶然的,零件数目愈多,偶然性就愈大。为保证飞行安全,设计部门需采用余度技术或故障防护措施以防止重要项目发生功能故障。

③ 复杂装备故障是偶发的,因此浴盆曲线并不适用,只要把将出故障的零组件及时换下,装备的整体可靠性就不会受到影响。所以对复杂装备作定期翻修是不必要的。

航空维修原理反映了航空维修工作的客观规律,是研究飞机以最高的使用可靠性、最低的消耗,为保障安全、正常地完成飞行任务提供有关航空维修技术、维修管理以及维修设计等的应用科学,其理论体系如图 1-2 所示。

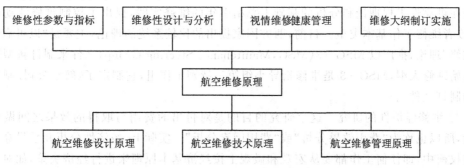

图 1-2　航空维修原理及应用体系

1.2.3　航空维修技术

航空维修技术的核心是故障研究,主要包括以下内容:

① 故障研究。预防和排除故障是航空维修工作的重要内容之一。故障研究包括:故障机理、故障规律和模式、故障率、故障预防、故障预测的研究;分析、判断、排除故障的理论根据和最佳程序的研究;各种条件下排除故障和修理手段及其理论根据的研究等。

② 民用航空器及其装备的质量检查和监视。质量检查和监视是实现维修的重要手段,是外场维修人员大量、反复进行的一项技术工作。在这方面涉及的理论有自动检测与监视、无损检验与无损探伤、原位检查以及最佳检测程序的研究等。

③ 环境、工作负荷和机械老化(飞机年龄老化)对民用航空器及其装备的影响的研究。包括由于环境恶化导致腐蚀和损伤,飞机使用时间超过经济寿命的75%以上所导致的疲劳裂纹、磨损和磨蚀,飞机在使用中的振动、加速度、冲击等引起的机械应力变化等方面的影响。因此,研究环境谱与载荷谱及其对航空器及装备影响的客观规律,对于通过地面检查,做好故障预防工作有着重要的作用。

④ 维修规程(或方案)的研究。根据航空器及其装备的固有可靠性、故障规律、环境影响等条件,选取最佳的维修工艺、维修周期、维修程序的理论根据和实施方法的研究,对于指导维修技术工作,取得最佳维修效果,实现维修目的具有重要的意义。

1.2.4　航空维修管理

航空维修管理的研究对象,主要有以下6个方面:

① 维修管理的决策分析。维修工作中,从一些重大决策问题,如制订整个维修工作方针原则,确定维修组织机构的设置和布局,研究与发展规划等,直到一些具体问题,如飞机维护、修理和使用的安排,维修方案(或持续适航性维修大纲、翻修的方针、损坏的结构或机件是修复还是报废)等,都需要改变只凭直接经验做出决策的状况,而代之以运筹学决策。

② 维修方式或工作类型的研究。维修方式是国外民航界在 20 世纪 60 年代提出的问题。它是在可靠性工程理论和分析的基础上总结多年的维修实践,提出了控制维修活动的基本方式,或者维修工作基本类型。目前,西方国家提出的比较系统的理论,主要是"以可靠性为中心的维修"理论,推广以 MSG - 3(MSG,Maintenance Steering Group)文件来制订新型民用飞机的初始维修大纲,MSG - 3 是维修指导小组第三特别工作组,它制定了《航空公司/制造厂维修大纲制订文件》。

③ 维修经济性的研究。这个研究的目的是对付出的费用与取得的效果之间做出最佳的权衡,所以也称为"费用效果分析"或"费用因素分析"。实际上,经济性分析几乎贯穿在一切决策与权衡中,即任何工作都要从宏观和微观上按经济基本原理来进行经济决策,如对预防性维修费用估算、飞机经济寿命费用估算、飞机或机件的翻修费用等。

④ 维修组织的研究。结合现代民航的特点,研究采取何种维修结构形式和体制,把人力、资金和设施进行最合理的安排,充分发挥各级组织的职能。

⑤ 维修工效的研究。这个研究是以维修人员在维修作业中的操作活动为主要研究对象,以提高操作效率为目的。它不仅涉及人的生理、心理特点,还包括环境对人的活动的影响。它的理论属于行为科学的范畴,是现代管理理论的一个重要分支,称为"管理行为学"或"工效学"。

⑥ 维修信息系统的研究。航空维修方面的信息,主要是组织实施维修工作所需的各种数据资料。维修信息不仅用于指导维修实践,同时也是维修理论研究(包括维修技术理论、维修组织方面的理论和维修设计理论)必不可少的依据。为了保证及时、准确和可靠的信息,必须建立以应用电子计算机为管理手段的、完整的信息系统,包括数据收集和处理系统以及管理情报系统。

1.2.5 航空维修设计

航空维修设计主要是指有关发动机维修性能的设计理论。发动机的可维修性(如可达性、易装性、易修性、互换性、维修安全性等)是发动机全面质量指标之一,是制造条件赋予发动机的一种客观属性,是决定维修工作量与维修经济性的物质条件。维修人员是在这一物质条件下,发挥其主观能动性的,如检查手段的改进,检查仪器的改装与研制,提高发动机维修性的加装、改装以及向制造厂家提出改进维修性的建议等。

发动机的维修性与可靠性密切相关。为了从根本上改变维修工作面貌,实现维修现代化,很重要的问题就是从根本上改进发动机的固有可靠性和维修性。作为航空器及其装备的使用单位,应及时向制造厂家提出可靠性、维修性的要求。因此,维修设计理论自然就成为航空维修原理的组成部分之一。

1.3 航空维修组织机构

1.3.1 三级维修

20 世纪 50 年代,我国民用航空维修组织分外勤和内勤车间。外勤指在停机坪的维护,包括:航线飞行 100 h 以下的维修工作、排故及例行勤务保证。内勤指在内场的修理工作,包括:本航线飞机的高级检修,即飞行 200 h 后的定期检查工作、更换发动机及部附件修理。

20 世纪 60 年代中期,我国民航维修组织常见模式通常为三级层次,即:

① 外场:负责航线维修及短时定期检查(100 h 以下)的外场机务大队或中队。

② 航空厂:负责高级定期检查(200 h 以上)、部附件修理检验以及机械加工的内场修理中队、基地修理厂。

③ 大修厂:负责飞机、发动机、部附件翻修,加、改装,标准件制造等的飞机修理厂。

这段时期基本是采用单一的定期维修方式,维修方法主要靠拆卸分解和大量的离位检查。这种维修方式赖以产生的理论基础是浴盆曲线描述的可靠性模型,并根据一种直观的设想,认为机械零件在使用过程中会产生耗损,故任何一种装备的可靠性都与其使用时限有关;检修的间隔时间越短,检修的次数越频繁,拆卸分解的范围越广越深,似乎预防故障的可能性就越大。

到了 20 世纪 70 年代,特别是 80 年代开始,我国引进欧美飞机,在维修方式上使用制造厂家推荐的维修大纲。同时,以可靠性为中心的维修理论在我国维修界传播,推动了维修方式和维修管理体制的改革。1980 年民航局在北京首都机场组建了我国第一个维修基地,将原来的机务大队、航修厂、大修厂、航材处、机务处合并,从组织结构上实现了外场维护、内场修理的合一,变内外场分割的管理形式为系统管理,特别为适应现代维修管理的要求,强化了信息管理。其组织形式的基本构架是:航班飞机内外场保证统一指挥协调的基地职能机关和实施维修生产的维修部门。1989 年合资成立北京飞机维修工程有限公司,使这种组织形式得以完善和深化。

由此可见,一个有效的维修工程机构随着部门的规模与类型而有所不同,而且也会随着航空公司的管理理念不同而不同,但组织机构是为公司实现其目标和目的而设置的。一个中型航空公司的基本组织机构如图 1-3 所示。

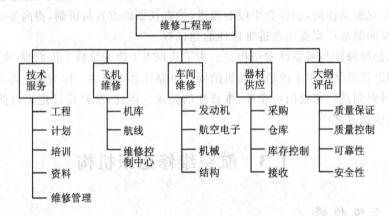

图 1-3 航空维修工程组织机构

图 1-3 所示的组织机构的构建,除具有一般企业公司的职责分类作法外,还具有航空业独特的管理理念,即维修工程性的生产业务要与检查、控制和监视的监督职责分开,以实现质量保证、质量控制、可靠性和安全性的特殊要求。

军用航空维修的目标是向指挥员保证执行任务飞机的最大可用性。航空维修分队通过对所有的航空产品实施维修来完成这个目标,这些航空产品包括配置的军用飞机和武器系统。

航空维修系统由三个级别组成,即基层级维修(AVUM)、中继级维修(AVIM)和基地级

（depot）维修。

　　航空机组指挥员和 AVUM 分队居航空维修的第一位。AVUM 分队以营或中队为建制单位，尽可能提供靠前保障。靠前保障组负责出航飞机的维修任务，出航飞机通常要求具有最少的航空停工期。航空基层级维修分队也在后方区域执行广泛的、连续的定期维修任务。航空基层级维修任务包括更换部件、执行小修、调整、清洗、润滑和保养等。

　　AVIM（也称第二级维修）分队提供中继级维修保障和对 AVUM 进行支援。它执行出航系统的修理和离航子系统的修理。AVIM 分队也向被保障的分队提供修理备件。AVIM 通常情况下比 AVUM 需要更长的时间、更复杂的工具和测试设备、较高技能的人员。

　　基地级维修是维修的第三层。基地级维修过程非常详细和费时，它需要复杂的设备和特殊的工具、特殊的设施和维修技能。典型的基地级维修任务包括飞机的检查、大修、改装、特殊的加工、分解测试以及上漆等。

1.3.2　航线维修

　　航线维修工作是指在使用中的飞机上所能完成的任何维修，而不需要把飞机从飞行航线上撤出来，即不需要从飞行航班上退出来。航线维修包括日检、每 48 h 检查和过站检查的一切工作，包括周期少于 A 检的各种项目。根据航空公司的规模，航线维修机构可以采取不同的结构形式。

　　维修控制中心对于运营中的飞机维修业务，不管是计划的还是非计划的，都要与有关的维修与工程部门即飞行航务部门进行协调。如果运营航线上的一架飞机需要维修，而飞机当时所在的航站没有这种支持条件，则维修可以予以保留，一旦有适当的时间、必要的设施和人力，这项维修任务将被安排到另一外部航站或内部基地去完成。对于这些故障保留，必须符合最低设备清单的要求。

　　在过站检查中，对发动机进行外观检查，如图 1-4 所示。主要包括环视发动机进出口外观检查 GVI（General Visual Inspection），检查从整流罩处是否出现液体泄露，检查滑油量等。

　　对双发飞机的发动机进行的典型的过站检查包括以下内容：

　　➢ 按需要养护发动机滑油；

　　➢ 检查冲压空气入口/排放口及座舱压力释放阀的状态和堵塞情况；

　　➢ 检查静压管、大气温度传感器、皮托管静压传感器以及迎角叶片的

图 1-4　发动机外观检查

状态;

➤ 检查燃油和液压油有无泄漏;

➤ 检查发动机整流罩有无明显损伤、风门是否关闭以及锁紧栓是否牢固,检查有没有漏油迹象;

➤ 检查进气整流罩、风扇转子整流罩及风扇转子叶片。

1.3.3 机库维修

机库维修是指在停止运营的飞机上进行的维修活动,包括对临时从飞行航班撤出来的飞机进行的任何大的维修和改装。机库维修涉及的业务类型如下:

➤ 高于 A 检的计划检查,即 C 检、D 检、重大维修检查;

➤ 按照服务通告、适航指令或工程指令对飞机的改装;

➤ 其他运营状态要求的特殊检查。

机库维修如图 1-5 所示。

图 1-5 机库维修

在翼的机库检查或外场检查,典型的检查包括以下内容:

A 检 整流罩的外观检查;启动机注油和检查 MCD;对整体驱动发电机(IDG,Integrated Drive Generator)检查滑油量和油滤堵塞指示;检测机载维修系统(OMS,Onboard Maintenance System)。

2A 检 风扇整流罩门、风扇叶片、风扇机匣内表面(fan track)、风扇出口导流叶片和冷气流通道的外观检查;检查启动机溢流口和加注油;检查点火器是否能听到未使用间隔过程。

3A 检 发动机滑油滤、高压和回油泵的更换;整体驱动发电机的快速拆卸的扭矩检查。

4A 检 对发动机零部件、燃油/滑油/空气探测;核心机整理罩外观检查。

C 检 外观检查内容包括:发动机安装;风扇整流罩门的密封性、泄压阀手动开关棒;进口整流罩声学面板;风扇机匣安装边(flange);防冰系统罩;发动机进排气;承力组件;安装在核心机上的附件检测;导线及其插件;区域通风系统;排气系统;反推装置;启动机导线;整体驱动发电机冷却器进口/滑油管路;整体驱动发电机的非连接功能检查;低压燃油滤更换。此外,还有高压涡轮、喷嘴导向叶片和燃烧室的孔探。

大型民用航空发动机维修设计中比较重视维修能力,并将其分为若干维修等级。不同公司、不同机种在细节方面略有不同,如下所示:

A1 级——航线维修。

B1 级——有限大修;B2 级——中等大修;B3 级——最大大修。

C1 级——零件的部分修理;C2 级——零件的全部修理;C3 级——零件整修。

D1 级——附件、组件的整体修理。

各维修等级的具体工作范围以发动机 JT8D—9—17A 为例说明如下:

A1 级范围——定期检查、维修、孔探仪检查、镀层修理以及在此维修等级上外部和内部组件的更换。

B1 级范围——一般来讲,发动机应从飞机上拆卸下来进行该级的维修。内部进排气部分零件可在飞机上进行。

该级维修是不完整的局部维修。包括燃烧室范围的检查,更换火焰筒、燃油喷嘴和第一级涡轮导向器,更换风扇进口机匣、风扇转子和静子、风扇机匣、涡轮机匣、排气机匣和两个涡轮单元体以及附件传动组件、主齿轮箱等,轴承和其他零件更换也可在该级进行。

B2 级范围——主要完成更换风扇、压气机中介机匣、高压压气机和扩散机匣部分,轴承和其他可接近的零件也可进行局部修理。

B3 级范围——包括每一单元体零件和发动机整体更换。要完成分解、清洗、测量、检查、裂纹检验、零件更换和重新组合、静动平衡,也包括轴承组件打压、润滑检查、滑油喷嘴检查、涡轮冷却气路清洗以及涡轮导叶、涡轮工作叶片质量矩和质量的分类;叶片倒圆、涂层涂敷、防酸、局部螺纹修理及零件更换。

C1 级范围——维修的修理范围比 A、B 两级要大,包括氩弧焊、等离子电弧和电阻焊、火焰铜焊、感应铜焊、局部应力缓解、喷砂、涂层、表面保护涂层、胶粘剂应用。

C2 级范围——结合 C1 级,本级维修主要完成零件的修理和修改,包括涂敷等离子喷涂。机械加工、炉内铜焊、电子束焊、热加工、吹砂喷丸及扩散涂层的应用。

C3 级范围——进行所有附件、组件的修理,包括分解、清洗和更换,零件修理、组合、试验台标定和防护。

修理等级举例参见表 1-1 中 V2500 风扇叶片的修理级别。

表 1-1　V2500 风扇叶片的修理级别

修理内容	修理等级
进、排气边修补	A1、B2
进、排气边和顶部呈扇形	A1、B2
表面打磨	A1、B2
抛光	C2
叶型校正	C3
榫头表面修理	C1、C3

1.3.4　大修车间维修

对于需要从飞机上卸下来进行维修的部件和设备,大修车间负责全面的维修管理和实施,维修项目可以很全面,从简单的清洗和调整,到必要的全面大修。

维修车间类型有两种:一种是支持车间,包括焊接、钣金、复合材料、飞机内饰等;另一种是大修车间,包括发动机、航空电子、液压和气动系统、结构件等。

车间维修通常都是针对停止使用的单元体或整台发动机,就是说,要维修的单元体从航线上或由机库维修人员从飞机上卸下来。对卸下的部件按照标准的维修程序予以报废,或送到有关车间修理。

CF6—80C2 发动机由 5 个大单元体组成,采用单元体结构设计便于维修,图 1-6 所示为该发动机的 17 个车间维修单元体结构图。

CF6—80C2 发动机为双转子高涵道比涡扇发动机,在外场能检查,能单个按质量矩更换风扇叶片和导流叶片;换装风扇叶片后,用本机平衡术即可对风扇转子进行平衡调整;如图 1-6 所示,高压压气机机匣沿水平对半分开,打开后能更换转子、静子叶片。

发动机车间是占用空间最大的车间,在车间里发动机部件装配区域,按照规定型号飞机对发动机的构型要求,把部件装配到基本型发动机上。须从飞机上拆下发动机送维修车间修理时,应即时将已配备好外部附件与管路的发动机装上飞机,将燃油总管、电缆总接头等少数接头与飞机连接,以尽量减少发动机更换需要的时间,从而缩短飞机停飞时间。

一个典型的航空发动机大修流程如图 1-7 所示。它包含了航空发动机主要维修流程,根据维修设施布置设计准则,航空发动机维修车间应当按照航空发动机维修的工艺流程布置各维修单元。

1—整流锥；2—风扇叶片；3—风扇前机匣；4—低压压气机增压级静子；5—低压压气机增压级转子；6—风扇轴；
7—风扇承力机匣、后机匣和出口导流叶片；8—高压压气机静子；9—高压压气机转子；10—压气机后承力机匣；
11—燃烧室；12—高压涡轮第 1 级喷嘴；13—高压涡轮转子；14—高压涡轮第 2 级喷嘴；15—低压涡轮；
16—涡轮后承力机匣；17—附件齿轮箱和防火系统

图 1-6　CF6—80C2 发动机单元体结构

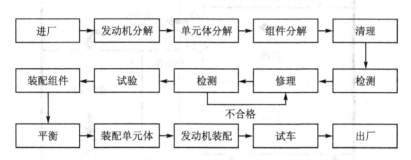

图 1-7　发动机维修流程图

大修或完成持久试车的发动机及其附件应彻底分解检查全部零件，污垢检查后清洗零件，而后进行清洗检测。根据需要对零件进行测量以确定其过渡磨损和变形。这些测量应与发动机制造商的图纸尺寸和公差及试车前相应的测量值进行对比。

由航空发动机维修流程可得到航空发动机维修车间布置，如图 1-8 所示。

发动机车间还需要一个发动机试车区域，考虑到噪声的缘故，试车区域应远离主要厂房设施，同时又要方便维修前后对发动机进行地面试车。

在大修车间的维修如图 1-9 所示。

各种项目的养护、修理和大修，通常是由有关型号或系统的专家来处理的。一些前期的故障诊断完成后，指出了需要更换的部件。在故障件拆卸后，进行清洗和检测，按照规定的标准检测程序决定是报废还是修复。

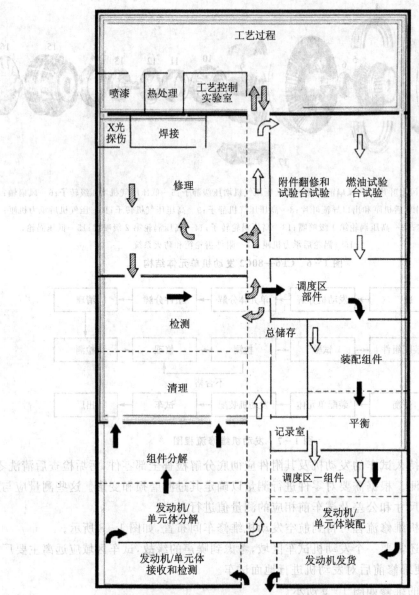

注: ➡ 发动机/单元体主流程；⇨ 发动机附件；⇒ 修补和加工

图 1-8 航空发动机维修车间布置

图 1-9 在大修车间的维修

思考题

1-1 维修性工程与维修工程各自的内涵是什么？

1-2 航空维修原理及应用系统的构成是什么？

1-3 航空维修管理主要包括哪些内容？

1-4 如何划分三级维修？

1-5 航线维修包括哪些主要内容？

第 2 章 维修大纲的制订

2.1 维修大纲的构成

航空器维修大纲，或称维修要求、维修技术规程，是保持航空器持续适航的基本文件，是经适航当局批准或认可的主要航空器持续适航文件之一。它是为航空承运人（也即航空公司）准备的基本文件。航空公司的维修方案是保持航空器的持续适航的基本文件，也称为持续适航维修方案。

每一个型号有一个由制造商工作组制订的初始维修大纲，并在制造商提供的文件中给予规定。对于新的营运人和设备来说，这仅仅是一个建议的维修大纲。一旦飞机和发动机交付使用，营运人可以对该大纲进行调整，以适应自己的需要和运营环境。这种初始大纲是一种通用性大纲。

2.1.1 持续适航的基本概念

现代航空维修原理所追求的目标，是如何通过有效的维修保持飞机始终处于适航状态，并同时体现其经济效益。此点在国务院发布的《中华人民共和国民用航空器适航管理条例》中有明确要求："任何单位或个人的民用航空器取得适航证以后，必须按照民航局的有关规定和适航指令，使用和维修民用航空器，保证其始终处于持续适航状态。"持续适航，就是飞机在使用过程中保持它达到型号设计时固有的安全性与可靠性水平。为此，营运人必须对机队进行有效的机务工程管理与控制。民用航空器运行适航管理规定（CCAR - 121AA）中对航空营运人提出了同样要求："投入运行的航空器必须保持该航空器的安全性始终不低于其型号合格审定基础时该航空器的最低要求。""航空器运行时，其所有系统及航空器部件应始终处于安全可用状态。"可以看出，适航部门对营运人运行安全的要求，是建立在对机队持续适航管理的基础上的，而持续适航的目标，必须是对机型维修大纲正确理解，认真贯彻才能达到的。为此，CCAR - 121AA 进一步要求："营运人必须按照民航总局批准的维修大纲或技术规程的要求，结合航空器使用环境、维修条件等特点，制定相应的航空器维修方案，经民航局批准后执行。"可以看出，始终保持飞机持续适航性，是航空营运人所必须承担的适航性责任。此点在 CCAR - 121AA 中以独立章节加以明确。

2.1.2　维修大纲的概念及研制过程

维修大纲是保证特定机型安全所要求实施的各类维修工作,是型号合格审定工作中的重要环节之一,需经适航部门批准。它是制造厂编写维修计划文件 MPD(Maintenance Planning Data)、航空公司编写维修方案的基本依据。制订维修大纲的目的是:确定该机型有效的维修工作,在保证安全的前提下,使所需维修费用最低。可以看出,航空公司营运安全与经济效益都是重要的。

对于维修管理人员了解大纲拟定过程,加深对它的理解,无疑对机务维修管理、处理现场技术问题都极为有利。现以波音飞机系列维修大纲拟定过程为例作一简单介绍。

1. 维修指导委员会

维修指导委员会 MSC(Maintenance Steering Committee)其成员由制造厂家、航空公司代表组成,代表们是由具有完成下述任务的技术"通才"出任,而不一定是特定专业的专家。

MSC 的任务:

➢ 确定逻辑分析程序;
➢ 确定下属工作组数量并安排他们的任务;
➢ 制订全部活动什划;
➢ 安排必要的技术和程序的培训工作;
➢ 系统地制订维修检查周期的总体安排;
➢ 提供各专业组间的协调途径;
➢ 监督/检查各工作组工作并审核有关报告;
➢ 代表制造商与适航部门联系。

适航部门专家以观察员身份参与 MSC 业务活动。

2. 维修审查委员会

适航部门针对每一新机型组织一个维修审查委员会 MRB(Maintenance Review Board),主任由适航部门维修专家出任,成员由主任委任或聘任来自用户所在地区适航部门和新机主要用户代表组成。他们分别是来自审定、适航和航空公司工程部门的专家。MRB 将代表适航部门批准由 MSC 组织编写的维修大纲建议书 MPP(Maintenance Program Proposal)。经批准的 MPP 以 MRB 报告的形式由适航部门颁布后正式生效。

3. 编写工作组

工作组 WG(Working Group)由主机制造厂和航空公司成员组成,他们是具有技术专长并富有实践经验的专家。他们的工作向 MSC 负责,编写初始维修大纲。

工作组的主要职责:

➢ 审定制造厂所提交的重要维修项目 MSI(Maintenance Significant Item)和主要结构项

目 SSI(Structurally Significant Item);

➤ 完成逻辑分析;

➤ 选择最合理的维修工作和工作周期。

为了保证工作组正常开展工作,制造厂必须向他们提供:

➤ 对工作组成员进行培训,时间是在对飞机系统、动力装置、飞机结构进行逻辑分析之前完成;

➤ 提交 MSI 和 SSI 清单;

➤ 提供有关支持性资料(Supporting Data),如:各项功能数据、故障模式、技术说明及相关图解资料。

2.1.3 维修大纲的主要内容

维修大纲由两类任务组成:一类是在规定的间隔要完成的计划任务;另一类是非计划任务。仅需要对实现维修大纲的目的所必须的维修任务作出维修计划安排,对增加维修费用却不能提高可靠性的附加任务不作计划安排。维修大纲包括:

➤ 计划维修,用以保持系统处于最好的运营状态;

➤ 非计划维修,用以解决运营中的故障;

➤ 进行持续分析和监督维修行动,以便改进维修大纲;

➤ 进行持续分析和监督维修行动,以提出对产品进行重新设计的要求;

➤ 对整个维修工作进行优化改进,以及努力减少维修费用。

维修大纲体现了以可靠性为中心的维修思想,研制中采用了 MSG-2 或 MSG-3 的逻辑决断法,科学地处理了安全与经济效益的关系。现代民用运输机维修大纲包括了以下主要内容:

➤ 维修大纲的目的、涉及范围和说明;

➤ 维修种类、间隔时限要求;

➤ 各级维修项目和说明;

➤ 机载设备的维修方式,维修工作的内容、要求和寿命;

➤ 结构检查要求;

➤ 适航性限制;

➤ 区域检查要求;

➤ 润滑部位和要求;

➤ 附录(勤务口盖、位置、编号、区域划分等);

➤ 名词解释。

可靠性维修大纲包含两种维修工作类型:一类是为预防装备的固有安全性和可靠性恶化,而安排规定的间隔时间完成的预定工作;另一类则是为使装备恢复到可接受的状态,而确定的非预定维修工作。非预定维修是根据预定维修工作、正常使用和数据分析中所发现的问题而安排的。两种类型的工作贯穿于定期(HT)、视情(OC)、状态监视(CM)三种维修方式,贯穿于润滑/保养(LU/SV)、使用/目视检查(OP/VC)、检查/功能检查(IN/FC)、恢复(RS)和报废(DS)五项工作之中,体现了"保证飞行安全,提高经济效益"的维修策略。

2.1.4 维修大纲在运行中的作用

维修大纲是以可靠性为中心的维修思想指导下的产物,从它一诞生就有着鲜明的法规性,它规定了该机型飞机最低维修要求。这种要求将伴随该型航空器全部退役为止。在机型全寿命过程中,"大纲"也根据情况不断地进行修改,目的是使之始终保持对机型安全实施着有效控制。大纲的历史大致可分为三个阶段:

1. 初始阶段

新机型的研制,尽管有着精确理论计算、大量试验数据以及机型的继承性做基础,但它毕竟是一个新设计的型号,尚需在使用中去考核;所以适航部门批准,只能理解为其是初始型的,它的历史作用是使新机型投入运营的同时,在维修管理上有法可依,有章可循,不会出现管理上的不衔接。现代民用运输机的设计水平与型号审查能力,足以使初始大纲的"准确性"非常接近其"成熟期"的水平。

2. 成熟阶段

现代的管理机制,使得新机型的各家用户的各类使用信息,不断地汇集到各国适航部门及制造厂工程部门,他们从各自的角度去关心、评估"初始维修大纲"的有效性,对其安全性、经济性不断地评估,并做出相应修改。这种更改,可能是更改设计而使大纲做出相应更改,也可能由于经验的积累而修改大纲。大纲的修改建议,统一由制造厂工程部门提出修改申请,经适航部门批准之后,由制造厂对各用户发出修订后的维修大纲。

3. 适用老龄机阶段

当飞机日历年限、飞行小时或起落次数(循环)中任一项,达到了制造厂所给经济寿命期的75％时,即认为该机已进入了老龄期。老龄期的飞机将出现"老龄症",主要故障现象是结构疲劳裂纹发展到可见阶段,以及结构、系统的腐蚀。这些故障用初始的、成熟的维修大纲难以控制,所以制造厂工程部门在机型进入老龄期时,即编制专门针对它们的《结构补充检查大纲》《老龄飞机腐蚀预防和控制》等文件,作为对维修大纲的补充。此阶段强制执行的服务通告、适航指令也将适时颁发,航空公司工程部门应将上述诸多要求视为对老龄机的整体要求。

2.1.5 维修大纲的特点

1. 法规性

一个成熟的机型维修大纲,对制造商来说是重要的。它是该机型在飞机市场是否具有竞争力的条件之一,适航部门也极看重此点。更多的关心在于大纲对机队的控制是否有效,所以适航部门始终把维修大纲的审定,作为型号合格审定的重要环节之一。大纲的研制,集中体现了设计、制造、使用、维修、适航各类人员的智慧,而非过去设计一方说了算的模式。最终由适航部门批准,成为该型号飞机的最低维修要求,它是具有法规性的技术文件。

2．科学性

维修大纲的科学性体现在确定各项维修工作时所遵循的思想是,该工作做到"恰到好处"。它摆脱了过去多检查、修理、勤拆卸、多换件就有了安全的片面认识,克服了盲目性工作。维修大纲的研制,事实上已渗透到飞机的整个设计过程。维修方式的有效性,已成为评估设计方案是否符合适航标准要求的重要条件之一。再加上厂家对机型全尺寸、全寿命试验,全体用户使用、维护中出现的问题,不断对大纲进行补充和修改,使大纲更加完善。

3．动态性

机型维修大纲也有个经验积累和成熟的过程,所以航空公司工程技术人员切不可把接收飞机时所拿到的版本视为一成不变。资料管理系统与制造厂工程部门的联系是重要的。

2.2　以可靠性为中心的维修

2.2.1　定义与内容

以可靠性为中心的维修 RCM(Reliability Centered Maintenance),是按照以最少的维修资源消耗保持产品固有可靠性和安全性的原则,应用逻辑决断的方法确定产品预防性维修要求的过程。

1974 年美国军方采用民航界推行的 MSG—2 维修大纲改进军用飞机和装备的维修,把它叫做以可靠性为中心的维修。RCM 是在对安全性和经济性优先考虑的基础上,以系统的可靠性特征为依据,对系统的功能、故障的模式及其后果进行逻辑性分析,然后确定适当而有效的维修工作。

RCM 原理的主要内容如下:

① 故障分为功能故障和潜在故障。

② 功能故障的后果决定维修工作的先后次序,其后果分为四类:安全性后果、使用性后果、非使用性后果和隐患性后果。

③ 满足适用性和有效性准则的维修工作区分为四种:视情工作(OC)、拆修工作(RW)、报废工作(LL)和隐患检查(FF)。

④ 提出 RCM 决断图,为制订维修大纲提供了一种新的逻辑分析工具。

⑤ 预订维修大纲必须修改,使用单位必须有资料收集和分析系统,并采取相应的措施。

RCM 的维修决策和主要步骤如下：

① 以可靠性为中心的维修可以得出预防性维修对策：

　a. 划分重要和非重要产品；

　b. 按故障后果和原因确定预防性维修工作和更改设计的必要性；

　c. 根据故障规律及影响，选择预防性维修工作类型。

② 进行 RCM 的主要步骤一般为：

　a. 确定重要功能产品；

　b. 进行故障模式和影响分析 FMEA(Fault Mode and Effect Analysis)；

　c. 应用逻辑决策图确定预防性维修工作类型；

　d. 确定预防性维修工作的间隔期；

　e. 提出预防性维修工作维修级别的建议；

　f. 进行维修间隔期探索。

③ 维修级别分析是一种系统性的分析方法，它以经济性或非经济性因素为依据，确定装备中待分析产品需要进行维修活动的最佳级别。

非经济性分析因素包括：部署的机动性要求、现行保障体制的限制、安全性要求、特殊的运输性要求、修理的技术可行性、保密限制、人员与技术水平等。

经济性分析因素包括：备件费用、维修人力费用、材料费用、保障设备费用、运输与包装费用、训练费用、设施费用、资料费用等。

2.2.2　维修工作的四种基本类型

在 RCM 中，应进行的维修工作可以归纳为以下四种基本类型：

1. 视情工作

视情维修工作是通过定期或不定期检查实施的，为发现潜在的故障而在固定的间隔期内对系统进行的检查，其目的是尽可能发挥各组成部分在使用寿命期内的作用。通过定期检查应能鉴别出已存在潜在故障而需予以拆换的部分和仍能继续工作到下一次检查的部分。如飞行前检查就属于定期检查。

定期检查必须满足三个条件才是适用的，即：① 能发现抗故障能力的下降；② 对潜在的故障状态有明确的定义；③ 从发生潜在故障到引起功能故障之间有一定时间间隔。

美军标 MIL－E－5007E《美国航空涡喷涡扇发动机通用规范》规定，发动机应采用单元体设计，以便于更换发动机主要部件。发动机应能最大限度地使用无损检查技术，应采用孔探仪对已安装发动机的压气机、燃烧室和涡轮部分做 360°检查。允许孔探仪检查的位置有：

① 压气机进气导叶前缘；

② 压气机进气导叶尾缘和压气机第一级转子前缘；

③ 压气机末级转子尾缘和燃烧室进口；

④ 燃烧室火焰筒和燃油喷嘴表面；

⑤ 燃烧室出口和涡轮第一级转子前缘；

⑥ 涡轮第一级静子尾缘和第一级静子前缘；

⑦ 涡轮末级转子尾缘和低压涡轮第一级静子前缘；

⑧ 低压涡轮第一级静子尾缘和第一级转子前缘。

2. 拆修工作

按某个规定的工作时限（工龄）进行定期拆修。进行定期拆修应符合三个条件：①有一个可能判定的工作时限，超过此时限故障率就会显著提高；②系统的大多数组成部分能工作到这一期限；③通过拆修能够恢复原有的性能特性。

美军标 MIL-E-5007E 规定，对于整台发动机和每一个单元体，预计的维修周期、检查周期和修理周期，均应在发动机规范中规定。除单元体外，还需列出所有外部安装的并可单独拆卸的发动机部件（如燃油泵、燃油控制器、电嘴、防冰阀门等）所需周期。

3. 报废工作

将工作到规定寿命期限的部分报废。为避免发生导致危险后果的故障而规定的寿命期限称为安全寿命。为更经济地防止非危险性故障的发生而规定的寿命期限称为经济寿命。

按安全寿命报废应符合两个条件：①存在着危险性故障；②统计表明，低于规定的期限时不会发生这类故障。

按经济寿命报废应符合三个条件：①存在具有重大经济性后果的故障；②可以根据故障率判定一定的寿命期限；③大部分能工作到该寿命期。

在航空发动机中，有安全寿命规定的零件有轮盘、主轴（涡轮轴）、承受高压力的机匣等，涡轮叶片也可属于此类零件。一般按循环数（民用飞机起降一次称为一个循环）、小时数规定其寿命。当一零件规定既有循环数寿命又有小时寿命时，在使用中只要其中一个寿命值达到规定值，该零件即应从发动机上换下。一般，对于远程飞机上用的发动机，小时寿命先达到规定值，而对于短程飞机，则循环数寿命先达到规定值。

美军标 MIL-E-5007E 规定，发动机制造商应提供包括消耗件以工作小时计算的更换寿命，如点火电嘴、滤芯、垫片、密封件和 O 形密封件。

4. 隐患检查

隐患检查是指对具有隐蔽功能的部分，为及时发现其可能出现的功能故障而进行的定期检查。进行隐患检查应符合两个条件：①有可能发生不明显的功能故障；②没有其他更为适用而有效的维修工作。

2.2.3 故障及其后果

简而言之，故障就是不能满足规定使用要求的状态，在国军际 GJB 241—1987《航空涡轮

喷气和涡轮风扇发动机通用规范》中,为确定发动机可靠性,将发动机故障定义如下:

① 由于发动机附件故障而不能得到或保持所要求的任一推力。在发生故障的特定油门杆位置上,如果飞行中推力损失等于或大于该油门杆位置最小推力的 10% 时,便构成影响测定这一特性的故障。

② 直接由于发动机原因,迫使发动机不得不停车或减小油门致使发动机推力下降超过正常要求值的 10%。如果引起发动机熄火,则熄火(即使又重新起动成功)也包括在内。

③ 直接由于发动机的原因,在 15 min 内不能把发动机启动起来。

④ 滑油消耗量超过规定或根据飞行后测得的滑油量推断其提前产生低油面警告,由使用部门要求的可能的最大连续飞行时间作为上述推断的依据。

⑤ 如果振动超过允许极限而导致发动机需要修理或更换时,该振动应作为故障。

⑥ 如果故障通过更换附件已经排除,即使更换掉的附件在试验器上不能证明有故障,仍应作为故障。

⑦ 为排除一个简单缺陷(如简单调整等)需要拆卸许多发动机零件时,也算发动机故障。

⑧ 装配部位和管接头处的漏液量超过规定时,应视为发动机故障(GJB 241—1987 中3.3.6.4 条规定,除放油口外,发动机的任何零件不得渗漏)。

⑨ 由于发动机故障或故障迹象而造成发动机停车。

⑩ 直接由于发动机的原因造成发动机零件超过规定的损伤(如裂纹、烧蚀、变形等)容限。

在 RCM 中,根据使用者正常操作中能否明显发觉故障,将故障分为功能故障与潜在功能故障(也称隐蔽功能)。功能故障是指某个组件不能达到某一确定的功能要求。它是指已经发生了的故障,在含义上相当于 FMEA 中的故障模式。为确定某组件是否发生了功能故障,必须清晰而完整地确定其功能。潜在故障是指可以察觉的预示着某种功能故障即将发生的物理现象。它表明部件已失去了抵抗故障发生的能力,需要进行维修,否则很快会发生功能故障。

大多数组件的功能故障,都可以由系统的直接使用者在进行操作时发现,但还有许多组件的故障无法由使用者在其操作位置上发现,需要由维修人员进行专门的检查和测试才能发现。这种使用者在正常操作期间进行常规操作时不能明显地发觉的功能故障称为隐蔽功能故障,这种不能明显地发觉产生了故障的功能称为隐蔽功能。

隐蔽功能可分为两类:一类是该功能在系统工作正常时起作用,但发生故障时对使用者无指示,如火警报警器;另一类是该功能在系统工作正常时不起作用,使用者事先无法知道需要它工作时能否起作用,如灭火器。

故障发生,功能丧失的后果,即与该功能的性质有关,也与导致故障发生的原因有关。因此,要确定故障后果,应先确定性能标准,以判断其功能是否满足要求。系统越复杂,故障模式也越多,其故障后果当然也会有多种多样。可以把各种故障后果归为下述四类:

① 安全性后果。故障的发生会对使用安全性直接造成不利的影响,如机毁人亡,或者因为丧失了其他某种功能而造成继发性的二次损伤,从而危及安全。

② 使用性后果。故障的发生对使用能力有直接的不利影响,并且会因工作进度拖延等原因而造成经济损失,还会使直接的修理费用增加。

③ 非使用性(经济性)后果。对使用能力没有直接的不利影响,只影响到直接维修费用的增加。

④ 隐患性后果。没有直接的不利影响,但是增加了发生多重故障的可能性,即因为发生了这一故障,而可能导致其他会产生重大后果的故障发生。它属于隐蔽功能组件的故障后果。

简单机件的故障与复杂机件的故障有不同特点,这些特点的发现导致了维修理论的发展。在 RCM 中,不同维修方式的选择也是根据不同故障的特点做出的。

简单机件使用状况一般不变,而抗故障能力随着使用时间的延长而降低,当抗故障能力降低到使用水平以下时,即发生功能故障。当抗故障能力降低到使用水平以上的一个可测量的范围之内时,发生潜在故障。发现潜在故障可以预防一系列的功能故障,因而在发现潜在故障时进行更换可以使机件的使用寿命最长。简单机件的故障模式较少,因而比较容易预测故障。

复杂机件有多种不同的故障模式,因而对应于不同的故障现象,难以说明其具体的故障过程。不同的故障模式通常有不同的平均发生时间,其结果是在机件工作期间,故障是随机发生的,也就是说,发生故障的概率基本是一定的。判断复杂机件的主要故障模式是非常重要的,而且尽可能识别潜在故障也是很重要的。应当尽早发现重要故障模式的潜在故障,并在发生功能故障之前采取相应的维修措施,如果对于某种故障模式,没有合适的维修工作可做,而该故障模式又有安全性后果,则需要重新设计。

2.2.4 维修方式

维修方式是随着航空维修改革的深入,为适应运用逻辑决断图制定的初始维修大纲的需要而出现的术语,指的是以维修对象的技术特性为依据,对进行维修的时机实施控制的方式。它是用 MSG—2 程序方法对发动机每一个组件进行分析,并从三种维修方式中指定一种维修方式,如图 2-1 所示。通过逻辑决断图对重要维修件产生的三种典型维修方式是:定期、视情或状态监视。

1. 定期维修

定期 HT(Hard Time)维修是一种预防性维修,是按规定时间对机件进行的翻修或报废。定期维修间隔的确定可以按照日历时间、发动机的检查间隔、飞机起落次数、飞行小时等。当达到定期维修周期间隔后,发动机就要进行大修,或针对维修部件进行修复或报废。通过翻修或报废,应使发动机及其部件的安全性和可靠性恢复到固有水平。

对安全有直接不良影响的部件和因使用时间可能造成可靠性降低的部件也适用于定期维修方式。对于轴和盘等有寿命限制的发动机部件的更换适合采用定期维修。对于具有明显确定的损耗周期的部件,用定期维修可能是最经济的,如橡胶软管、高压容器等。

早先,按维修计划定期对有关部件进行翻修或报废是一种主要的预防性维修方式,但随着

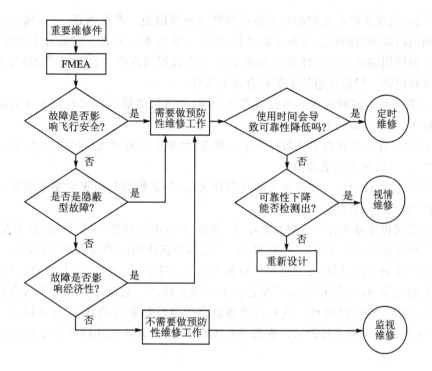

图 2 - 1　MSG - 2 逻辑分析图

技术的发展(如自检设备的出现等)和对故障机理认识上的深化,定期方式所占的比例在逐渐减少。而且,只要不牵扯到安全问题,也可以采用视情或状态监视方法。

2. 视情维修

视情 OC(On Condition)维修是一种故障预防维修,它按适当的物理标准(如损耗或衰变),通过规定时间对机件进行检查、测试或参加监视,确定出其机件是否能继续正常工作到下一次进行预定检查和测试之时,以便采取对应的对策。如确定不能继续到进行下一次检查,则应在发生故障前就进行拆换。对于通过测试检查手段可以确定持续适航性的部件,应该采用视情维修检查,视情检查必须测量出部件的磨损及衰退状态。例如,发动机的定期孔探仪检查、滑油分析、性能状态监视等手段。

根据发动机飞行状态数据,表征发动机性能衰退程度,确定何时拆卸发动机。通过测量得到如滑油消耗率、燃油消耗率、孔探仪检测结果、滑油系统监测数据、排气温度以及其他与发动机监视参数有关的数据等,与标准数据进行比较,预测发动机可靠性的降低和故障临界值。由此可见,视情检查可以保证接近发动机和部件的最长寿命。

3. 状态监视维修

状态监视 CM(Condition Monitoring)维修是对受监视组件工作时(或测试时)的数据进行

监测和分析,发现故障后采取相应拆换或修理等维修措施。严格地说,它不属于预防性维修,而是在功能故障的隐蔽功能发现之后进行,因此也称为事后方式。它适合于对没有确定的寿命限制或损耗周期的单个部件故障率的监视,状态监视组件要一直使用到故障发生,它是一种非计划维修措施。但监视组件必须符合以下条件:

① 组件发生故障时应对安全没有直接影响,即飞机能够继续飞行到安全着陆,但通常通过余度技术,安全可以得到保证。

② 监视组件应没有隐患性故障发生。然而,如果可以通过飞行机组或维修人员的定期检测发现隐患,则监视方式能够使用。

③ 监视程序必须包含在营运人的可靠性大纲里,必须通过数据采集和分析,对维修组件的故障性质有更好的理解。

状态监视程序最适合于针对复杂系统,例如,航空电子部件、通信设备、仪表及测试系统。

这三种维修方式是 MSG-1 和 MSG-2 维修逻辑决断法的输出形式(MSG-1 是维修指导小组第一特别工作组制定的《维修评审和大纲制订手册》,MSG-2 是维修指导小组第二特别工作组制定的《航空公司/制造厂维修大纲计划文件》)。它们之间没有等级高低之分,往往是互相补充的。确定以何种方式进行维修取决于维修对象的类型、工作环境、技术和经济条件、维修人员的素质等多种因素。在发动机维修中,维修方式的选择直接与发动机的维修性特性有关。

2.2.5　初始 RCM 大纲的制定

维修大纲中规定了基本的维修要求和维修工作内容,确定了系统的全部可修复件及其维修要求,以及有关的维修程序、数据、资源等内容,是进行预防性维修工作的纲领性文件。飞机与发动机的初始维修大纲是在飞机/发动机适航证取证之前或之后某个确定的短时间内必须完成并通过适航当局审查的最初的维修大纲,用以指导使用者进行维修工作。

在拟订初始的 RCM 大纲时,通常要经历下述步骤:

① 将系统分解成各个单元,确定那些需要着意研究的部分。

② 确认重要的项目,即判定那些发生故障会导致具有安全性、使用性和经济性后果的项目。具有隐蔽功能的所有项目,不管是否属于上述的重要项目,都按重要项目看待,去考虑它们的预防性维修工作。

③ 评估每一个重要项目和具有隐蔽功能的项目的故障后果,据此选定能满足要求的维修工作。

④ 判明那些找不到适用而有效的维修工作的项目,对其中涉及安全问题的重要件做出设计更改,或者在取得进一步的信息之前暂不对它规定预防性维修工作。

⑤ 对于新的项目,选取偏于保守的初始维修间隔时间,并把相关的维修工作归纳为便于实施的综合性维修工作组合。

⑥ 对于新的且已投入使用的项目,拟定一个工作时限(工龄)探索大纲,为修订初始的维修决策提供必要的信息。

⑦ 确定进行重新设计的要求。

美国空军目前使用 MIL‐STD‐1843《飞机、发动机及设备的以可靠性为中心的维修》是 1985 年在 MSG‐3 基础上制定的。美国海军 1981 年用 RCM 法制定了 MIL‐HDBK‐266,现在使用的是 1986 年在 RCM、MIL‐HDBK‐266 和 MSG‐3 基础上制定的 MIL‐STD‐2173《海军飞机、武器系统及保障设备的以可靠性为中心的维修》。

实际工作中,初始维修大纲以维修审查委员会 MRB 文件(或报告)规定,其中包括使用者应采用的预定工作项目及额度。另外,飞机制造商还应制定维修计划文件 MPD,为用户制定各自的维修大纲提供依据。MPD 中除包括 MRB 报告中的所有内容外,还应包括维修人时的要求、时间要求、预定维修所需的地面保障设备要求等各项较为详细的内容。航空发动机的预定维修大纲通常作为一部分列入 MPD 或航空公司的飞机维修大纲中,而航空发动机公司则另外向用户提供改进的维修计划指导 PMPG(Progressive Maintenance Planning Guide),它包括发动机的所有维修工作内容与工时、设备等要求,是航空公司进行发动机维修的重要依据。至于具体的各项维修工作如何进行,则应参照发动机手册、维修手册、故障隔离手册等有关技术文件。

2.2.6　以可靠性为中心的逻辑决断图

制定 RCM 维修大纲的核心工作就是对每个重要项目的每个功能故障都按一定程序进行逻辑决断,决定所需进行的预防性维修工作和目标,一般其逻辑决断流程用逻辑决断图表示。不同的 RCM 大纲制定法有不同的逻辑决断图。下面介绍的一种典型的逻辑决断过程,基本类似于诺兰和希普提出的 RCM 法。

1. 故障后果的评定

对每种重要项目的故障模式连续回答以下三个问题,以评定其故障后果:

① 故障的发生对进行正常操作的直接使用者是明显的吗?

② 故障会引起对使用安全性有直接不利影响的功能丧失或二次损伤吗?

③ 故障对使用能力有直接的不利影响吗?

对 4 种故障后果的逻辑决断图如图 2‐2 所示。

通过该逻辑决断图可以判断出 4 种不同故障后果,即安全性后果、使用性后果、非使用性后果(经济性后果)和隐患性后果。

2. 维修工作的评定

根据故障后果,确定既适用又有效的维修工作类型。为此要连续回答以下三个问题:

① 鉴别潜在故障的视情工作是适用而有效的吗?

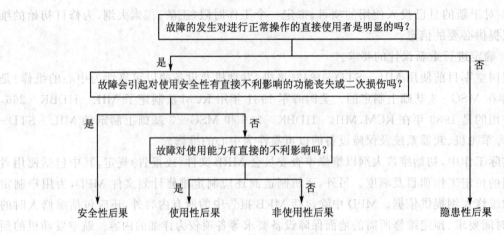

图 2 - 2　故障后果的逻辑决断图

② 降低故障率的拆修工作是适用而有效的吗？

③ 为避免发生故障或降低故障率而进行的报废工作是适用而有效的吗？

维修工作的逻辑决断图如图 2 - 3 所示。

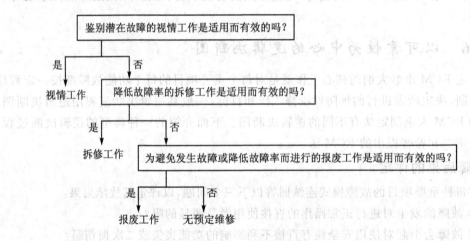

图 2 - 3　维修工作的逻辑决断图

3. 综合决断图

把图 2 - 2 和图 2 - 3 综合在一起，即可得出综合决断图。利用这样的图，即可进行具体的维修大纲的制定。对于故障具有安全性后果的项目，当视情、拆修和报废工作都不适用时，还要追问一个问题，即：

综合性的预防维修工作是适用和有效的吗？

当回答"是"时，即进行综合的工作，否则该项目应当重新设计，不允许有这种故障出现。

RCM 逻辑决断的核心思想可以用表 2 - 1 列出。注意,对于非安全性(使用性或经济性)的故障后果,如果没有有效且经济上合算的预定维修工作,那么,对它进行预定维修是不值得的。

表 2 - 1　故障后果与预定维修

故障后果	可用而有效的工作	
	有	无
安全性的	要求的预定维修	重新设计或冒险
非安全性的	经济的预定维修	不作预定维修

2.3　MSG - 3 法制定维修大纲

2.3.1　MSG - 3 与维修大纲

美国航空运输协会(ATA)于 1980 年 9 月 30 日颁布的 MSG - 3《航空公司/制造公司的维修大纲制定文件》,是目前国际上最主要的 RCM 维修大纲指导文件。之后,于 1988 年进行了第一次修订,1993 年进行了第二次修订,颁布了 MSG - 3R2。2001 年又进行了修订,最新版本为《营运人/制造商的计划维修大纲制定》。新的咨询通告规定,在制定新飞机的维修大纲时,应使用最新的 MSG 文件。

MSG - 3 提供一种方法,以便制定管理当局、使用单位和制造公司都能接受的维修大纲。维修大纲的详细内容将由使用单位、制造厂商和制造国管理当局的专家们共同制定,以制定发动机寿命期内的初始维修要求。也可用于制定运行维修要求,确定所有预定维修工作和间隔。目前,通称 MSG - 3 中提出的方法为 MSG - 3 法,它不仅是西方各主要飞机/发动机维修大纲的制定方法,而且也已成为美国海、空军有关军用标准的基础与核心,用于制定军用飞机的维修大纲。

根据 MSG - 3 制定的飞机发动机初始预定维修大纲的目的是保持装备的固有安全性和可靠性。它是每个航空公司控制其初始维修方针和制定维修方案的基础和框架。在美国联邦航空条例 FAR33 部和中国民用航空规章 CCAR 第 33 部《航空发动机适航规定》中均明确指出,发动机投入使用时如果没有合格的初始维修大纲,其持续适航性是没有保证的,因而是不适航的。

MSG - 3 中明确指出,有效的维修大纲的目的是:
① 保证实现装备的固有安全性和可靠性;
② 在发生恶化时,把安全性和可靠性恢复到固有的水平;
③ 获得修改固有可靠性差的项目的设计所需的资料;
④ 以最低的包括维修费用和剩余故障(即进行预定维修后仍会发生的故障)费用在内的

总费用来实现上述目的。

这样的大纲并不能改进装备的固有可靠性和安全性上的不足之处,而只能防止这些固有水平的恶化。如果发现这些水平不够满意,则需修改设计。

维修大纲的内容包括以下两类工作:预定工作和非预定工作。

预定工作是按规定的间隔完成预先确定的工作,其目的是预防装备的固有安全性和可靠性恶化,预定维修大纲中的工作可能包括:润滑/保养(LU/SV)、使用/目视检查(OP/VC)、检查/功能检查(IN/FC)、修复(RS)和报废(DS)。

非预定工作是根据在规定隔间内完成其他预定工作、故障报告和数据分析所发现的问题而做的工作。其目的是使装备恢复到可接受的状态。

MSG-3考虑了美国联邦航空条例(FAR)中新的损伤容限规则和《结构补充检查大纲》,将这些规则的意图与MRB的维修大纲制定法联系起来。在维修大纲的制定中,按故障影响进行逻辑决断分析,规定需做的工作。分析后确定不需做预定工作的项目,可以通过使用单位的可靠性管理方案来监视。

MSG-3逻辑决断的方针是确定维修工作的类型,而不是像MSG-2那样确定维修方式,这样就消除了对定期(HT)、视情(OC)和状态监视(CM)三个术语的不同解释引起的混淆,消除了在对属于某种维修方式的项目所做的维修进行判断时所遇到的困难。用MSG-3方法,产生三种任务主导型维修,即:飞机系统任务、结构项目任务和区域任务。

1. 飞机系统的维修任务

系统和发动机的预防性维修大纲是维修要求的汇总文件,其内容一般包括零部件编码、名称、维修工作类型、所需工具设备、维修间隔期、维修级别及维修工时等。规定了以下维修项目,包括:

① 润滑 LU(Lubrication):对系统添加润滑油,以减少摩擦和热损耗。保养 SV(Servicing):对部件进行基本的护理和保养。

② 使用检查 OP(Operational Check):用以确定一个项目是否在朝着其规定目标正常运转,它是一项故障查找任务。目视检查 VC(Visual Check):查看一个项目是否按要求正常运转,这也是一项故障查找任务。

③ 检查 IN(Inspection):对一个项目进行检查,并对照一个具体标准进行比较。功能检查 FC(Functional Check):用以检查一个项目的每一个功能是否能在规定的限制范围内正常发挥,是一个量化检查。

④ 修复 RS(Restoration):使系统恢复到一个具体标准的水平。修复工作包括清洗、换件和大修。

⑤ 报废 DS(Discard):按照规定的寿命限制要求,把到寿命的组件拆卸掉不再使用。

2. 结构项目的维修任务

结构预防性维修大纲是维修要求的汇总文件,其内容一般包括项目的编码、首检期、检查间隔期、检查工作说明、维修级别、维修工时、检查区域和通道等。

飞机要受三种原因的结构性衰退的限制。三种原因如下：

① 环境原因；

② 事故损伤；

③ 疲劳损伤。

MSG-3 规定了以下三种类型的结构检查技术：

① 一般目视检查；

② 详细检查；

③ 特别详细检查。

3．区域维修任务

区域维修大纲保证飞机上规定的区域内的所有系统、部件和装置都受到足够的监督，以确定安装安全可靠性和总体状态。其主要内容一般包括区域检查、位置检查、间隔期和维修工作说明等。

2.3.2　MSG-3 分析法

目前，西方国家新发展的商用飞机发动机的维修大纲多用 MSG-3 法制定，并作为飞机维修大纲的一部分列入飞机的维修计划数据 MPD 中。维修大纲中系统/动力装置的分析方法，应用逻辑决断图对每个重要维修项目（包括系统、附件、零件等）进行评定，它是以项目的功能故障影响和故障原因为基础进行的。

确定系统/动力装置（包括部件和辅助动力装置）维修大纲的方法，是利用逻辑决断图以项目的功能故障和故障原因为基础，应用现有技术数据来评定每个重要项目。其主要步骤如下：

① 确定重要维修项目；

② 鉴定每个 MSI 的功能、功能故障、故障影响和故障原因；

③ 维修工作分析；

④ 确定维修工作间隔。

1．确定重要维修项目

重要维修项目（MSI）也就是重要系统和部件的确定，要以预计的故障后果为考虑基础。MSI 的选择是从最高的可管理的层次（系统和发动机）开始的，它们是由制造公司确定的，其故障主要考虑：

① 会影响地面或空中的安全性；

② 在使用中是察觉不到的；

③ 会有重大的使用性影响；

④ 会有重大的经济性影响。

"自上而下法"或者称"故障后果"分析法,是 MSG - 3 确定飞机上重要维修项目的一种方式。利用这种方法可消除不必要的评定工作,简化分析,还有助于从分析过程中去掉故障后果不重要的项目。可以按照下述方法进行分析:

① 根据 ATA 系统和分系统划分标准,把飞机按主要功能进行划分;

② 划分过程直到能够确定飞机可在航线上更换的零组件;

③ "重要维修项目"通常是一个系统或分系统。

2．鉴定每个 MSI 的功能、功能故障、故障影响和故障原因

针对选定的"重要维修项目",必须进行以下鉴定:

① 功能——项目正常的特性作用;

② 功能故障——项目如何不能执行其功能;

③ 故障影响——功能故障的后果是什么;

④ 故障原因——为什么发生功能故障。

由此确定的每一种功能故障(包括隐蔽功能),按决断逻辑图,鉴定维修大纲中需作的工作及其周期。为制定出初始预定维修大纲,需列入所有与安全性和经济性有关的工作。

由于 MSG - 3 逻辑决断最后结果可能包括重新设计,因此,初始维修大纲的制定工作不应在系统设计完成后进行,而应在系统设计基本完成时,结合维修性分析工作进行,这样就便于必要时修改设计。这也是维修工程与维修性工程紧密结合的地方。经 MSG - 3 分析需要重新设计,正是项目的维修性差的明显表现。

3．维修工作分析

每一个"重要维修项目"在进行 MSG - 3 逻辑决断图分析之前,都须填写符合使用单位要求的一系列表格,列出每个 MSI 的名称、功能、功能故障、故障影响、故障原因、ATA 章节号、用于什么飞机、制造公司及机件号等各项有关数据。其中,ATA 章节号根据美国航空运输协会 ATA 对各种出版物中有关飞机的各种系统、维修等的统一章、节编号,详见 ATA - 100《飞机各系统的章/节编号规范》。该规范中,表格 M1 是系统分析与功能说明;表格 M2 列出了所分析的有关项目的维修手册章节号、每架飞机上的数量、制造公司及部件号;表格 M3 列出了有关的可靠性数据,包括预测更换部件的平均间隔时间;表格 M4 列出了项目的设计特点;表格 M5 列出了该 MSI 的功能、各种功能故障、故障原因与后果。表格 M5 是进行决断逻辑最直接的依据。

针对每一种功能故障,按逻辑流程图进行决断分析。MSG - 3 的系统/动力装置决断逻辑图分为上、下两层,表格 M6 包括了上层问题 1～4,内容如图 2 - 4 所示。

由图 2 - 4 可以看出,对每种功能故障进行评定,以确定其影响类别,即明显的安全性、使用性、经济性,隐蔽的安全性或隐蔽的非安全性。下层包括问题 5～9,根据每个功能故障的故障原因来选择特定的维修工作类别。

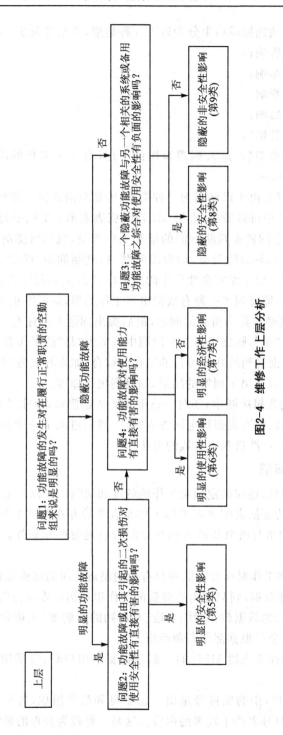

图2-4　维修工作上层分析

通过 4 个问题将功能故障后果分为以下 5 种类型,类型号为 5~9:

5:明显的安全性影响;

6:明显的使用性影响;

7:明显的经济性影响;

8:隐蔽的安全性影响;

9:隐蔽的非安全性影响。

确定功能故障的类型后,进入到逻辑图的下层,有 5 个平行的决断图,分别对应于上述 5 种类型,如图 2-5 所示。

对于每种功能故障,由于已确定为一种类型,因此只需选择一种相应的决断流程来分析其维修工作。从图 2-5 中可以看出,表格 M7 以一张表表示了下层平行的逻辑流程。在下层用 A、B、C、D、E、F 共 6 个问题来判断所需的维修工作类型,包括可能的重新设计。在进行表格 M7 分析工作时,对于每种故障类型,均提出问题 A,判断润滑/保养工作的有效性之后,均需继续提出下一个问题。对于无安全性后果的故障(6、7、9 类),仅需提出前 5 个问题,而且一旦得出一个"是"的答案,即得到了一种有效的维修工作类型,即可终止分析。而对于有安全性后果的故障(5、8 类),则必须提出所有的问题,最后提出问题 F:"有无一种适用有效的工作或综合工作",如果答案为"是",则选定前 5 个问题中答案为"是"的工作类型作为分析结果,所选择的"综合工作"即为前面得到的几种可行的工作的综合;如果答案为"否",则必需重新设计。表格 M6、表格 M7 中不仅列出了回答的结果,而且列出了原因。

在 MSG-3 法的逻辑决断中,还有一条重要的暂定逻辑,即除了有安全性影响的分支外,如果不能确定某个问题的答案则暂定回答为"否",然后进入下一个问题,在大多数情况下,后续的问题提供更保守、更严格和更费钱的方法。

4. 确定维修工作间隔

在确定工作类型后,还应确定预定工作的频度和间隔。可以采用下列资料:

① 来自有实际的证据表明预定维修工作是有效的并在经济上是合算的其他发动机的先前经验。该参考发动机与所分析的发动机之间应有足够的相似性,如分析 PW4000 时,可采用 JT9D 的经验。

② 表明预定维修工作对所分析的项目有效的制造公司的试验数据。

③ 如果缺少上述数据,则只能由有经验的工作组和指导委员会的人员运用良好的判断力和使用经验,结合准确的数据(可靠性、余度、对出勤的影响等)来确定工作频度和间隔。定期报废的时限则由制造公司根据部件寿命给出。

发动机维修大纲作为飞机 MPD 的一部分提交给用户时,应采用简单、明了的形式,便于使用者查阅。

波音 B757 的 MPD 中的项目号是由一组字母和数字组成,各位数字与字母有其特殊定义,从而用这一组项目号表达了较多的内容。这是一种较为合理的做法,其表示方法如下:

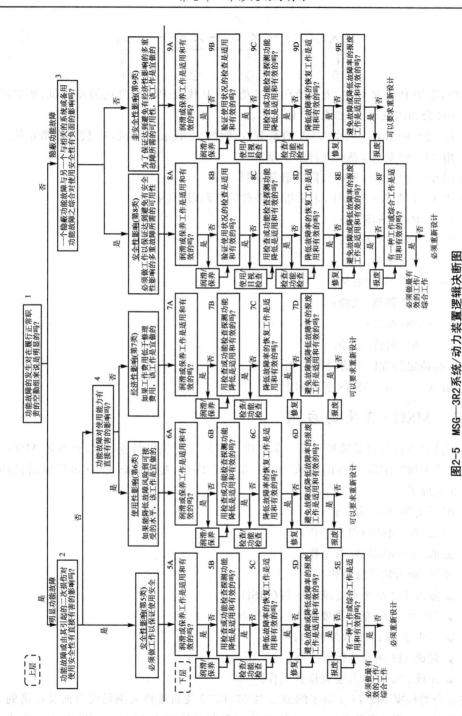

图2-5 MSG—3R2系统/动力装置逻辑决断图

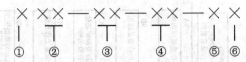

其中：①用 P 或 R 标注，表示所用的发动机。P 代表 P&W 公司的发动机，如 PW2037；R 代表 R·R 公司的发动机，如 RB211—535。

② 用 12～80 标注，表示 ATA 的章节号，例如 72 代表发动机，79 代表润滑系统。

③ 用 00～99 标注，表示维修手册章节号。

④ 用 00～99 标注，表示维修手册部件号。

⑤ 用 1～7 或 A～Z 标注，表示维修手册的页码段，其中：

　　1——100 故障隔离；

　　2——200 维修操作；

　　3——300 保养；

　　4——400 拆卸/安装；

　　5——500 调整/试验；

　　6——600 检查；

　　7——700 清洗/涂漆。

当没有特定的维修手册段落时用 A～Z。

⑥ 用 A～Z 标注单独的字母标志符。

2.3.3 MSG-3 法的应用

美国波音飞机公司是世界上第一个应用 MSG-3 的飞机制造厂家，并有把 MSG-3 同时应用于波音 B767/B757 飞机的特殊经验。在制定 B767 飞机维修大纲（包括发动机）时，应用 MSG-3 完成了：

① 编写文件 5000 多页；

② 完成 305 项结构检查工作；

③ 完成 145 项区域检查工作；

④ 系统/动力装置分析中：

　　➤ 分析了 289 个重要维修项目（MSI）；

　　➤ 219 个 MSI 至少需要归入一项检查工作；

　　➤ 分析了 1352 次故障原因；

　　➤ 完成 341 项系统检查工作；

　　➤ 完成 200 台动力装置检查工作。

波音公司根据 MSG-3 制定的波音 B767/B757 飞机维修大纲是安全而又经济的，并为航空公司提供了高度的灵活性。同时，波音公司等制造厂家对 MSG-3 提出的一些改进意见，主要有：

  ① MSG-3 的系统/动力装置逻辑图应简化；

  ② MSG-3 中 8 种不同的检查定义混乱，需要合并与统一；

  ③ 空勤组监视不是维修工作，而且含义不清，应予取消；

  ④ 一些概念与提法需要修正和明确。

  考虑到了波音公司等厂家的意见，ATA 于 1988 年 3 月 31 日颁布了 MSG-3 修改第 1 版，即 MSG-3 Revision 1，FAA 已于 1988 年 7 月 29 日同意了这种修改。MSG-3，Revision 1 比 MSG-3 内容更丰富，观点更明确，重点更突出，而且文字简练，表达清楚，它对维修工作类型的定义与 MSG-3 不同，取消了"空勤组监视"，将"使用检查(OP)"改为"使用/目视检查(OP/VC)"。1993 年进行了第二次修订，颁布了 MSG-3R2。其技术内容主要包括三部分：系统/动力装置大纲、结构维修大纲和区域检查大纲。

  在 MSG-3 程序中对各种维修检查进行了命名和规定，并归结为标准。对于各航空公司可以自己规定检查时间间隔，标准的时间间隔描述如下：

  1）过站检查

  它是在飞机着陆之后和下一个起飞之前进行的，过站检查包括润滑油检查、加注以及一般的目视检查，观察有无液体渗漏、检查口盖打开或松动状态。在发动机上检查滑油时，必须在发动机停车后 5～30 min 之间进行，以获得准确读数。

  2）48 小时检查

  用 48 h 代替过去的每日检查，不包括机轮和刹车装置、油液检查、辅助动力装置的滑油面检查等。

  3）按小时限制的检查

  按照 100 h、200 h、250 h 等工作小时数，对规定的组件或系统进行检查，它适用于发动机和飞机飞行控制装置。

  4）按工作循环限制的检查

  按照工作循环数进行维修，如轮胎、刹车装置、起落架等，以及发动机的涡轮盘。

  5）字母标志的检查

  在波音 B777 飞机研制前，在维修大纲中都有不同字母标志的各项检查，即 A 检、B 检、C 检和 D 检，而 MSG-3R2 版取消了字母检，都用小时或循环数表示。这种大纲更适合营运人的需要，当然某些营运人仍然按规定的时间或间隔用字母标志安排维修计划。

2.3.4　MSG 维修思想

  在 MSG 前言中指出：在新一代飞机的研制中，已注意强调维修工作的重要性，并提供了人力和资源进一步发展 MSG 思想。MSG 思想是航空运输协会集体智慧的结晶，它是飞机设计制造方、使用维修方和管理当局专家们共同研究的成果，是各国管理当局共同认可和使用的工作原理,产生了巨大的经济和社会效益。MSG 思想是一个包括设计、制造、使用、维修和监督在内的系统工程,涉及自然科学和管理科学的诸多学科,依靠信息将它们联系在一起。

用 MSG 方法制定的维修大纲,是能够真正保持航空器设计安全性和可靠性水平的工作或者是会有经济效益的工作。制定维修大纲的过程也是对飞机设计的重新评审。通过采用新的设计思想和新的技术,不断提高飞机的安全性、可靠性和维修性,为 MSG 思想的发展提供了物质基础。例如:损伤容限、冗余度、单元体设计、中央维修计算机系统、空地数据链的实时监控、及时维修等。

1985 年,美国空军在 MSG-3 基础上,制定并颁布了军用标准 MIL-STD-1843《飞机、发动机及设备的以可靠性为中心的维修》。1986 年,美国海军颁布了军用标准 MIL-STD-2173《海军飞机、武器系统及保障设备的以可靠性为中心的维修》。这些标准采用了民用飞机维修大纲制定的指导思想 MSG-3,突出了军方的要求,强调了"以可靠性为中心的维修"。由此可见,RCM 是美国军方为制定军用飞机和武器装备的维修大纲所采用的维修思想的名称,是民用航空广泛使用的 MSG 思想的军方表述。

维修思想是指导维修大纲制定的原理和方法。对维修思想的研究关系到维修大纲的科学性和维修工作的有效性,关系到如何保持飞机的持续适航性。采用 MSG 逻辑方法制定的维修大纲,离不开用可靠性方法来监督控制。在逻辑决断分析流程中,主要是考虑故障影响。对于不需做预定维修工作的项目,可以通过航空公司的可靠性管理方案进行监控。

MSG 维修思想与用可靠性方法控制维修的原理相结合,形成了当今最新的维修理论。这种理论的不断完善和发展,指导着现代大中型运输机维修大纲的制定和修改,指导着航空公司的有效维修,保证了航空器持续安全、可靠、经济地运行。

2.3.5 确定维修间隔

项目的预定维修任务不仅要求确定预定维修工作,同时也要求确定预定维修工作的时机或间隔期。对于定期维修(包括定期报废和定期修复)、检查/功能检查、使用/目视检查、润滑/保养等 8 种预防性维修工作类型需要确定预定维修间隔期。

1. 定期维修间隔期

按安全性要求确定定期维修间隔期,是按照所给定的故障发生概率来确定的,以确保所需的安全性水平。定期维修包括定期修复和定期报废两种类型。

对于具有安全性故障后果且又不能定义潜在故障的维修项目,如发动机涡轮盘,要求在定期维修间隔期的故障发生概率基本为零。这时也称为安全寿命期,它是对有安全性故障后果的维修机件所规定的使用时间。安全寿命期是按照试验数据所确定的平均寿命值再除以分散系数得到的。安全寿命比其平均寿命要小得多,如图 2-6 所示。机件在安全寿命期内不会发生故障,机件一旦达到规定的安全寿命期,或者定期修复,或者定期报废。

当机件故障时间服从某种分布时,如正态分布、对数正态分布或威布尔分布等,可由给定

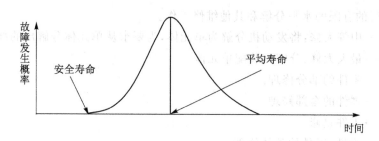

图 2 - 6　安全寿命与平均寿命的关系

的故障发生概率确定定期维修间隔期。

2. 检查/功能检查间隔期

按安全性要求确定视情维修间隔期,是针对可检测出潜在故障机件,预防功能故障的出现,或将故障发生概率控制在规定的可接受水平之内,确保安全性。视情维修间隔期必须小于由潜在故障发展到功能故障的时间,在该时间内做几次检测,以防漏检。例如,采用孔探仪对发动机叶片做隐患检测,发现有裂纹就要拆修发动机,以防叶片断裂造成二次损失。

按经济性要求确定视情维修间隔期,是针对当故障不危及系统安全而做预防性维修工作的费用损失少于故障损失时,则按最少费用损失的要求来确定视情维修间隔期。

3. 使用/目视检查间隔期

隐蔽检测间隔期是依据隐蔽功能故障造成的多重故障后果的严重情况来确定的。如果多重故障影响使用安全性,需要加大对隐蔽功能故障检测的频率,缩短隐患检测间隔期,保证隐蔽功能系统具有所要求的可用度。

如果多重故障不影响使用安全性,则按经济性要求来确定隐患检测间隔期。隐患检测间隔期过长,致使系统处于故障状态,造成停飞损失。如果隐患检测间隔期过短,则会造成不必要的过多检测费用和损失。检测的目标是要选择最优的隐患检测间隔期,使其经过长期运行的单位时间的期望损失减到最小。

4. 润滑工作间隔期

润滑作业周期一般可根据厂商推荐的周期,当使用条件变化时,机件磨损强度变化,可调整润滑作业周期。

以下是一些有关维修工作的规定及事例。

国外民用航空发动机维修中,根据工作对象和工作内容将维修工作划分为不同等级,以一个英语字母和一个阿拉伯数字标志,通常划分为:

A1 级——航线维修:对装在飞机上的发动机进行的维修工作,包括检查、保养、调整、故障隔离、发动机与外部部件的拆换、少量的修复与维修后试车。

B1 级——有限大修:包括发动机从飞机拆下后可以进行的所有 A1 级工作与不需要其他

设备即可进行的有限的水平分解和其他维修工作。

  B2 级——中等大修:将发动机分解为单元体,为要求从单元体分解出的部件提供可达性。

  B3 级——最大大修:分解与装配单元体。

  C1 级——零件的部分修理。

  C2 级——零件的全部修理。

  C3 级——零件整修。

  D1 级——附件、组件的整体修理。

  T1 级——发动机试车。

  发动机的维修大纲确定的航线维修工作内容,主要是定期维修,其中很重要的一点是需要确定的维修工作频度。除过站检查 TR(Transit Check)和每日检查外,其他定期维修工作频度一般用字母 A、C 等来表示,主要有:A 检(1A)、2A、3A 和 C 检(1C)、2C 等。A 检间隔一般为 200～400 发动机飞行小时 EFH(Engine Flight Hour),而 C 检为 2 000～3 000 EFH。具体时间间隔需要考虑发动机的情况及飞机的定检时间间隔情况加以制订,使用一段时间后可适当延长。另外,在字母之前加阿拉伯数字,表示该项工作间隔为若干个该字母表示的间隔。例如,2A 表示时间间隔为 2 倍的 A 检间隔,以此类推。可靠性与维修性较好的发动机,定期维修工作间隔较长,工作项目较少。表 2-2 中列出了 RB211—535E4 发动机的主要定检项目,可以作为一个例子制定维修工作。

  非预定维修工作是排除在定期完成的预定维修、故障报告(通常由空勤组发出)和数据分析中发现的问题。"非预定"的含义就是说明没有明确频度要求。

表 2-2 RB211—535E4 发动机定期维修作业表

项　目	内　容	总工时	需　时
每天	目视检查发动机外部和滑油量	5 人·分	5 min
A 检(250 h)	检查所有的磁屑探测器(通常仅检查主磁堵和内齿轮箱);听声检查点火系统;目视检查各检查板和整流罩	2 人·时	1 h
2A 检(500 h)	更换滑油滤	45 人·分	45 min
3A 检(800 h)	热端部件孔探仪检查	2 人·时	1 h
C 检(3 000 h)	检查管路和线路,更换燃油滤	8 人·时	4 h

  针对发动机限寿件,《航空发动机适航规定》(CCAR-33R2)中的 33.70 条规定:必须通过中国民用航空局批准的程序,指定使用限制中发动机每个限寿件的最大允许飞行循环数。发动机限寿件指的是其主要失效可能导致发动机危害性后果的转子和主要静子结构件。典型的发动机限寿件包括(但不限于)盘、隔圈、轮毂、轴、高压机匣和非冗余的安装部件。使每个发动机限寿件达到批准的使用寿命时,在发动机危害性后果发生前,从使用中拆下。

　　表 2-3 列出了 CFM56—3 发动机的 19 种有限寿命零部件 LLP(Life Limited Parts)的循环数(寿命)限制值。

表 2-3　CFM56—3 发动机的 LLP 循环数限制值

发动机型别 ＼ LLP	—3—B1	—3B—2	—3C—1
风扇盘	30 000	24 900	20 100
增压压气机转子	30 000	30 000	30 000
风扇轴	30 000	30 000	30 000
高压压气机前轴	20 000	20 000	20 000
高压压气机 1～3 级转子	20 000	20 000	20 000
高压压气机 3 级盘	20 000	20 000	20 000
高压压气机 4～9 级转子	20 000	20 000	15 800
CDP 封严盘	20 000	18 000	15 000
高压涡轮前轴	8 700	8 100	5 700
高压涡轮前封严盘	20 000	15 800	15 100
高压涡轮轮盘	20 000	18 500	16 600
高压涡轮后轴	25 000	20 000	15 800
低压涡轮轴	30 000	30 000	30 000
低压涡轮短轴	25 000	20 000	20 000
低压涡轮锥轴	23 500	17 400	15 600
低压涡轮 1 级盘	20 000	18 200	15 800
低压涡轮 2 级盘	20 000	16 200	13 900
低压涡轮 3 级盘	20 000	19 600	15 000
低压涡轮 4 级盘	20 000	20 000	20 000

　　军用发动机的翻修检查周期与性能的关系更加密切。F110 是美国 GE 公司为 F—16 战斗机研制的发动机,其第一个型号 F110—GE—100 推力为 124.7 kN,于 1984 年安装在 F—16C/D 战斗机上进入空军服役。为海军改型的 F110—GE—400 于 1984 年安装于舰载战斗机 F—14B/D 上进入海军服役。这两种型别的发动机零部件有 82％是通用的,降低了制造成本的同时也降低了维修和保障费用。由 F110—GE—100 发展衍生为 F110—GE—129 发动机时,GE 公司采用了低风险的衍生技术,继承了—100 型的高可靠性,采用了—100 型中的 81％零组件,使—129 型也具有在飞行包线内油门杆的运动无任何约束,且不会发生失速,因此使驾驶员可将精力集中于作战任务。20 世纪 90 年代末,GE 公司在 F110—GE—129 基础

上,沿用了低风险衍生的途径,发展了 F110—GE—129EFE(提高性能的战斗机发动机),它可提供两种推力级/检查周期供选用,即 131.6 kN/6 000TAC(总循环数)与 146.9 kN/4 300TAC 翻修检查周期。例如,检查周期为 6 000TAC 时,最大推力为 131.6 kN。由于推力大小直接影响到发动机热端部件的寿命,可见这是性能与可靠性进行权衡的结果。

对于具有安全性故障后果,例如发动机涡轮盘,要求在定期维修检查时限前的故障发生概率基本上为零。对于限寿件要制定合理的检查周期,根据损伤容限理论,轮盘榫槽槽底允许有裂纹存在,但要监视裂纹的扩展,严格控制裂纹允许的长度。允许的裂纹长度应经过详细计算,并通过试验验证,然后留有裕度规定出允许的长度。一般按计算与试验得出的危险长度的 50% 作为允许裂纹扩展的长度。检查裂纹扩展的间隔时间应低于从发现裂纹起到扩展到临界长度所经历时间的一半,例如 F100—PW—220 发动机就是这样规定的。

当故障不危及安全时可按经济性要求确定定期维修时限。当故障不危及安全而做预防性维修工作的费用损失小于故障损失时,则按最少费用损失或最大可用度的要求来确定定期拆修和定期报废时限,提出适合的算法。例如,制定叶片初始维修检查时限,对于早期故障,采用个别更换策略;对于偶然故障,故障期更换间隔期无限大;对于耗损故障,故障期可进行整级叶片成批更换。研究提出不同计算模型,找出适合于不同零部件的拆修时限。考虑因素如贵重件、拆修工时、二次损失,如叶片断裂损伤后几级叶片或机匣。

2.4 航空公司维修方案

航空公司维修方案 AMP(Airline Maintenance Program)是航空器持续适航的基本要求。中国民用航空局在 1995 年颁布的《民用航空运行适航管理规定》(CCAR121 - AA)中要求:"承运人必须按照民航总局批准的维修大纲或技术维护规程的要求,结合航空器使用环境、维修条件等特定,制订相应航空器的维修方案,经民航总局批准后执行。"

2.4.1 目的和作用

维修方案又称持续适航维修方案 CAMP(Continuous Airworthiness Maintenance Program),其形成的过程如图 2-7 所示。

图 2-7 维修方案形成过程示意图

由图 2-7 可以看出,基础维修方案中加入确定的维修任务描述可构成维修大纲建议书。该建议书经适航管理当局审查和批准后成为维修大纲。为便于航空公司进行维修人员和维修任务的安排,还需确定维修任务工时等要求。这些内容加入到维修大纲后就构成了推荐的制造厂商维修方案,也就是维修计划文件 MPD。航空公司则根据 MPD 编写维修方案。

维修方案包括由维修检查部门执行的检查、返修、零件更换、预防性维修、维修及修复、改装、维修方式/维修工作及任何其他工作的大纲。贯彻执行维修方案的目的是:安全运营、高的可靠性、低的维修费用、维修停场时间最短和最好的客舱环境。

早在 1987 年中国民用航空局颁发的《飞机维修方案申报程序和要求》中,就对维修方案的作用做了阐述,指出:"飞机的维修方案是各航空公司用户对所使用的各型飞机进行维修工作的总方案、总要求,是保证飞机持续适航的具体措施。""没有维修方案的用户不得维修飞机。没有维修方案的机队或飞机不能发给适航证,也不能参加运营飞行。"

制订维修方案主要依据的技术资料有:MRB 报告或技术维护规程和有关的服务通告;MSG 分析程序;审定维修要求 CMR(Certification Maintenance Requirements);适航要求(适航性限制项目和高压容器等设备的维修要求);制造厂推荐的 MPD 和其他要求;航空公司或维修单位的经验;运营特殊要求;地面维修能力、航材储备量;经济性评估。

2.4.2　维修计划文件

1. MPD 的作用

维修计划文件是为用户提供一种技术指导,使得他们在编制本公司维修方案时能获得必要的各类信息、参数。MPD 对新用户的作用更加明显。在 MPD 中厂商特别强调了如下两点说明:在 MPD 所列各项维修工作,不都是强制性的,也有推荐性的。在 MPD 中凡注明 MRB 项目者则是强制性的,用户若想改变其要求,应按 AC-121AA-02《民用航空器维修大纲》所规定的程序办理。同时,表明所列工作,并不表示已包括了用户应做的全部维修工作。厂商强调每一用户有责任最终决定自己机队什么时间干什么工作。

2. MPD 的主要内容

制造厂在编制 MPD 时,使用了如下原则:经适航部门批准的维修大纲的内容应全部纳入 MPD 之中;其他内容,则是制造厂为方便用户工程技术部门控制自己机队,而进一步提供的全面信息和技术性支援。这些内容,有实施维修大纲项目的具体要求,实施这些项目的相关手册名称和具体章节编号。另一类是帮助用户编制自己维修方案时的背景资料。以波音系列飞机为例,MPD 的内容有以下几个方面:

① 内/外部检查、详细检查、特殊详细检查、结构检查和飞机勤务工作,工作检查、功能检查等以及若干工作项目所需工时(不含准备工时的中等熟练水平工作者所需)。

② 飞机主要尺寸。

③ 飞机区域划分图及编号。

④ 接近门、盖板位置及编号图以及打开盖好它们所需工时。

⑤ 整机润滑要求、润滑点位置和数量、润滑手段、油酯和油膏牌号、按 ATA 顺序工作代码及所需工时。

⑥ 系统维护要求:过站、A 检、2A 检、4A 检、8A 检、C 检等各级检修工作项目介绍及所需工时。

⑦ 结构检查要求:结构检查频率取决于飞行小时、日历时限、起落次数以及结构抽样检查情况。

⑧ 附件检修:各附件整机数量、位置、维修类别、附件维修手册(CMM)章节号以及拆装所需工时。

⑨ 防腐工作:检查部位、周期(首检及重复检查)以及腐蚀定级评估介绍。

3. 航空公司如何使用 MPD

鉴于 MPD 所述内容,对用户无疑是非常重要的,对于机务工程管理经验较少的航空公司,则是编写自己维修方案的主要依据。也有部分新建公司,直接以 MPD 作为自己的维修方案,其大方向不会错,但其中若干建议性的内容,应不断地进行分析,总结经验有所取舍才合理。理由非常简单,制造厂对每家公司的具体情况(维修能力、管理水平、人员素质、航线构成、基地情况等)不可能了解得非常全面、细致,所以 MPD 前言中厂家的说明也是客观的,航空公司有最终责任去确定什么时间、做什么维修工作。另外,有少数航空公司工程部门,认为 MPD 是强制要求全部执行的文件,此认识不确切,对 MPD 中反映 MRB 批准项目的内容是强制执行的(此类项目在 MPD 项目中有栏目标志),而对其他项目多为技术支援性及推荐的项目。大多数航空公司能客观地处理上述关系,即充分利用厂家的 MPD,同时也充分发挥自己工程部门的管理机队经验,来编写出自己的维修方案,表现出了营运人的自我管理意识。

2.4.3　维修方案的内容

在 CCAR—121AA 中明确提出:营运人应当对航空器的适航性负责,必须做到按批准的维修方案完成所有规定的维修作业内容。制订适用且有效的维修方案,是营运人工程管理部门的重要任务。通过维修方案的实施,达到有效控制机队持续适航的目的。

在国外,大纲和方案没有严格区分,用词是同一个,即 Program。在我国民航局则作了明确区分:"大纲"是型号合格审定的重要环节,在初始适航范围内审定、批准,由型号合格证申请人去申办;"方案"是在持续适航管理范围,它是营运人履行适航性责任,所必须按要求编写并获批准的航空企业技术性文件。在内容上也有很大区别,"大纲"表明适航部门批准的该机型最低维修要求,属法规性技术文件;"方案"则是营运人的技术性文件,它必须包括"大纲"中的全部要求,同时,可吸取 MPD 中的推荐维修项目,也包括航空公司总结自己经验所增加的项目。

维修方案必须包括"大纲"所要求的全部内容,并在相应栏目中加以标志,以便进行重点控制。同时,"方案"应明确维修要求、维修方式或工作类型,周期及相应的实施手段,实施依据的工程技术手册(如各类维护手册、翻修手册、工艺规范)等。欧洲共同体国家,习惯把使用及存贮有时限要求的项目单独提出来,汇编作"零部件作用及存贮时限"(COSL),其余归到计划维修项目(MS)。上述两方面内容是否分开,由航空公司工程部门自行掌握。"方案"在内容上应多于"大纲",而在标准上,不应低于"大纲"的要求。

维修方案应包括航空公司应完成的维修和检查工作,至少应包括的基本要素有:航线检查、定期维修(又称计划维修)、非计划维修、系统和附件/动力装置维修、结构检查、区域检查、其他要求和必检项目。

现代民用运输机设计,是以可靠性为中心的思想进行的,它决定了零部件、系统、结构的构成形式,同时也确定了全新的维修模式。保持机队的持续适航性的要求和手段,集中体现在维修方案之中。飞机设计特点,也促使维修管理必须采取动态管理,它体现在航空公司可靠性管理机构不断地根据"大纲"的修改、适航指令、服务通告和自己经验的积累情况,促使工程部门修改自己的"方案";在 AC-121AA-03《民用航空器维修方案》中,明确了它们的关系:"维修方案应在以可靠性为中心的维修思想指导下制订,应采取可靠性方案来管理,民用航空用使用人/维修单位在提交维修方案时,应提交可靠性方案。"

维修方案的制订和实施过程,是由维修大纲制订文件、维修大纲、维修计划文件、维修方案和维修手册等 5 种维修要求变成工作单(工卡)的过程,又称由 5M 到 J 的过程,它们的关系和演变情况如图 2-8 所示。

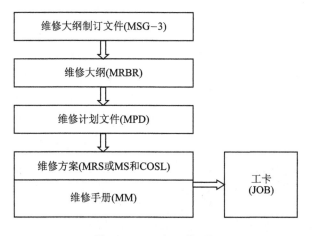

图 2-8　5M 与 J 关系图

在按照工作单施工的同时,必须强调工作单的正确性、完整性和可行性,加强对工作单的研究和培训。

飞机上的所有附件包括发动机,都应有原始安装记录;维修过的附件应有主管部门批准的维修单位或维修站填写的维修合格证明,并做好时限管理,保证附件符合使用保管要求。

由于维修工作是一项非常复杂的技术密集型劳动,它要求在不同地方、不同空间,使用各种工具设备对飞机及发动机进行维修,大部分采用自动化是非常困难的。自动化应用最多的是计划、报告等信息领域,AD报告、寿命件管理和跟踪也可通过它完成。与维修相关的自动化,大部分集中在故障诊断支持系统及维修训练系统。

思考题

2-1　持续适航的内涵是什么?

2-2　维修大纲包括哪些主要内容?

2-3　维修方案与维修大纲的联系与区别是什么?

2-4　航空维修工作的类型有哪4种基本类型,各自适用的范围是什么?

2-5　哪些发动机组件分别适用于4种基本维修工作类型?

2-6　哪些发动机组件属于功能故障?哪些零组件属于隐蔽功能故障?

2-7　针对发动机重要组件试用MSG-3逻辑决断图分析发生安全性后果、使用性后果、经济性后果或隐患性后果的故障。

2-8　以可靠性为中心的维修分析RCM,其内容与特点是什么?

2-9　用MSG-3方法制订发动机维修大纲的内容有哪些?

2-10　维修方案的内容有哪些?

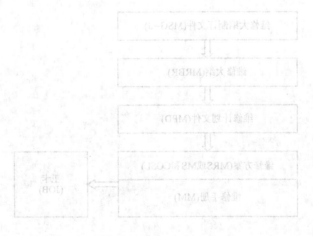

第3章　维修性参数体系与模型构建

为了能对系统维修性的优劣程度进行度量,需要定量描述,描述维修性的量称为维修性参数,而对维修性参数要求的量值称为维修性指标。维修性模型是指为分析、评定系统的维修性而建立的各种物理和数学模型。目的是表达系统与各单元维修性的关系、维修性参数与各种设计及保障之间的关系。在进行维修性的分配和预计、维修性设计方案的决策及维修性指标的优化时,均需建立维修性模型。

3.1　维修性参数

维修性参数必须反映对产品的使用需求,直接与装备的战备完好、任务成功、维修人力及保障资源有关,体现在对产品的维护、预防性维修、修复性维修和战场损伤修复诸方面。通常用维修时间、工时、维修费用、测试性和任务等参数表示。

3.1.1　维修时间参数

与维修时间有关的参数有平均修复时间、平均预防性维修时间、平均维修时间、重要零部件平均更换时间、最大修复时间等。

1. 平均修复时间 $\overline{M}_{ct}$

平均修复时间 MTTR(Mean Time To Repair)定义:在规定的条件下和规定的时间内,产品在任一规定的维修级别上,修复性维修总时间与该级别上被修复产品的故障总数之比,记作 $\overline{M}_{ct}$。

由于维修时间是随机变量,$\overline{M}_{ct}$ 是修复时间的均值和数学期望,即

$$\overline{M}_{ct} = \int_0^\infty tm(t)\,dt \qquad (3-1)$$

式中:t——修复时间;

$m(t)$——概率密度函数,即维修时间密度函数。

在实际工作中使用观测值,采用修复时间 t 的总和与修复次数 n 之比计算,即

$$\overline{M}_{ct} = \sum_{i=1}^n t_i / n \qquad (3-2)$$

当产品有 n 组可修复项目时,用下面的公式计算平均修复时间:

$$\overline{M}_{et} = \frac{\sum_{i=1}^{n} \lambda_i \overline{M}_{cti}}{\sum_{i=1}^{n} \lambda_i} \qquad (3-3)$$

式中：λ_i——第 i 项目的故障率；

$\overline{M}_{cti}$——第 i 项目的平均修复时间。

对于维修时间服从指数分布的情况，则有：

$$\overline{M}_{ct} = 1/\mu \qquad (3-4)$$

式中：μ——修复率。

通常，平均修复时间就是排除故障所需实际时间的平均值，即产品修复一次平均所需的时间。排除故障的实际时间包括准备、检测诊断、换件、调校、检验及原件修复等时间，而不包括由于管理或后勤供应原因的延误时间。

2. 平均预防性维修时间 $\overline{M}_{pt}$

预防性维修时间（Preventive Maintenance Time）的含义和计算方法与修复时间的参数相似。平均预防性维修时间是每个或某个维修级别一次预防性维修所需时间的平均值，其通用计算公式为

$$\overline{M}_{pt} = \frac{\sum_{j=1}^{m} f_{pj} \overline{M}_{ptj}}{\sum_{j=1}^{m} f_{pj}} \qquad (3-5)$$

式中：f_{pj}——第 j 项预防性维修的频率，指日维修、周维修、年维修等的频率；

$\overline{M}_{ptj}$——第 j 项预防性维修的平均时间。

3. 平均维修时间 $\overline{M}$

平均维修时间（Mean Maintenance Time）与维修方针有关的一种维修性参数，它将修复性维修和预防性维修综合起来考虑。其度量方法为：在规定的条件下和规定的时间内，产品的预防性维修和修复性维修总时间与产品计划维修和非计划维修事件总数之比，即

$$\overline{M} = \frac{\lambda \overline{M}_{ct} + f_p \overline{M}_{pt}}{\lambda + f_p} \qquad (3-6)$$

式中：λ——产品的故障率；

f_p——产品的预防性维修频率。

3.1.2 维修工时参数

维修工时是指维修某个系统所需要的全部人力，即进行维修作业的维修人员数乘以工作

时数或各个维修人员维修时数之和。

1. 每工作小时平均修复时间 M_{TUT}

每工作小时平均修复时间(Mean Corrective Maintenance Time to Support a Unit Hour of Operation Time)又称修复停机时间率,是保证产品单位工作时间所需的修复时间的平均值。其度量方法为:在规定的条件下和规定的期间内,修复性维修时间之和与产品总工作时间之比,即

$$M_{TUT} = \sum_{i=1}^{n} \lambda_i \overline{M}_{cti} \qquad (3-7)$$

式中:λ_i——第 i 项目的故障率;

$\overline{M}_{cti}$——第 i 项目的平均修复时间。

M_{TUT} 反映了产品每工作小时的维修负担,表面看来是反映对维修人力和保障费用的需求,实质是反映可用性要求的参数。

2. 每工作小时直接维修工时 M_{DO}

每工作小时直接维修工时(Direct Maintenance Man-Hours per Operation Hour)是度量直接维修人力的一种维修性参数。其度量方法为:在规定的条件下和规定的时间内,产品直接维修工时总数与该产品寿命单位总数之比,即

$$M_{DO} = \frac{M_{DMMH}}{O_h} \qquad (3-8)$$

式中:M_{DMMH}——产品在规定使用时间内的直接维修工时数;

O_h——产品在规定时间内的工作小时数或寿命单位总数。

3. 维修工时率 M_I

维修工时率(Maintenance Index)为产品每工作小时的平均维修工时,是与维修人力有关的一种维修性参数。其度量方法为:在规定的条件下和规定的期间内,产品直接维修工时总数与该产品寿命期内总工作小时之比,即

$$M_I = \frac{M_{MH}}{O_h} \qquad (3-9)$$

式中:M_{MH}——产品在规定使用时间内的维修工时数;

O_h——产品在规定时间内的工作小时数或寿命单位总数。

3.1.3 检测率参数

1. 故障检测率 γ_{FD}

故障检测率(Fault Detection Rate)为被测试项目在规定期间内发生的所有故障中被正确检测出的比例,即在规定条件下用规定的方法能够正确检测出的百分数,即

$$\gamma_{FD} = \frac{N_D}{N_T} \times 100\% \qquad (3-10)$$

式中：N_T——在规定工作时间 T 内发生的全部故障数；

   N_D——在规定条件下用规定方法正确检测出的故障数。

2. 故障隔离率 γ_{FI}

故障隔离率(Fault Isolation Rate)为被测试项目在规定期间内已被检测出的所有故障中在规定条件下用规定的方法能够把故障正确隔离到可更换单元的百分数,即

$$\gamma_{FI} = \frac{N_L}{N_D} \times 100\% \qquad (3-11)$$

式中：N_L——在规定条件下用规定方法正确隔离到 L 个可更换单元的故障数。

3. 虚警率 γ_{FA}

虚警率(False Alarm Rate)为被测试项目在规定期间内未发生故障而错误地报告故障所占的比例,它是在规定条件下虚报故障的百分数,即

$$\gamma_{FA} = \frac{N_{FA}}{N_F + N_{FA}} \times 100\% \qquad (3-12)$$

式中：N_{FA}——虚警次数；

   N_F——真实故障指示次数。

3.1.4 维修费用参数

1. 每工作小时直接维修费用 C_{DMO}

每工作小时直接维修费用(Direct Maintenance Cost per Operation Hour)是度量经济性的一种维修性参数。其度量方法为:在规定的条件下和规定的时间内,产品直接维修费用与该产品工作小时总数之比,即

$$C_{DMO} = \frac{C_{DM}}{O_h} \qquad (3-13)$$

式中：C_{DM}——产品直接维修费用；

   O_h——产品工作小时总数。

2. 每工作小时维修器材费用 C_{MMO}

每工作小时维修器材费用(Maintenance Material Cost per Operation Hour)是度量经济性的一种维修性参数。其度量方法为:在规定的条件下和规定的时间内,产品维修所消耗器材费用与该产品工作小时总数之比,即

$$C_{MMO} = \frac{C_{MM}}{O_h} \qquad (3-14)$$

式中:C_{MM}——维修所消耗器材费用。

3.2　参数的选择

3.2.1　参数选择的依据

产品的使用需求是选择维修性参数时要考虑的首要因素,产品的结构特点是选定参数的主要因素,维修性参数的选择要与维修方案结合起来考虑,同时考虑指标如何考核和验证。

1. 参数的选择

应根据下述情况进行参数的选择:

① 依据飞机技战指标要求或者用户使用需求,选用参数应与所装飞机(如单发战斗机、双发战斗机、运输机、直升机等)的可靠性和维修性参数相匹配。

② 依据和平时期训练或战时使用需求的侧重点不同来选择参数。

③ 选择参数必须考虑如何考核和论证。例如采用厂内试验验证时,则可选用合同参数,如 T_{BF} 等;采用外场使用验证时,则可选用使用参数 T_{FHBF} 等。

④ 根据预期的维修方案即维修级别:采用基层级维修(一级维修、外场级维修、机务大队维修),中继级维修(二级维修、内厂级或中间级维修、野战部队修理厂维修),基地级维修(三级维修、大修厂或航空修理厂维修、承制方维修)以及维修工作要求、维修资源等约束条件。

⑤ 研制过程和使用过程可能达到的可靠性和维修性水平。一般情况下,在研制航空燃气涡轮发动机时,提出单一的参数目标是不够的,与质量状况一样,可靠性和维修性也要用不同的指标组合来描述。

⑥ 适应航空发动机可靠性和维修性国际水平、国内现状和航空技术市场竞争的需要。

2. 选择的原则

应依据下述原则选用参数:

① 选用的参数应能足以控制可靠性和维修性水平;

② 选用的参数应最少;

③ 选用的参数本身应便于预测和统计评估;

④ 选用的参数间不应相互产生矛盾。

在确定发动机可靠性和维修性参数时,既要吸收国外先进技术和经验,又要适合国内发动机发展的要求,尤其要考虑到型号研制的实际背景、需要与可能,以效能费用为目标,综合权衡可靠性与维修性要求,体现出参数体系及其量值的先进性、科学性、相关性和阶段性。

3.2.2 军用发动机维修性参数

1. 可选维修性参数

按照国军标 GJB 1909.5—1994《装备可靠性维修性参数选择和指标确定要求(军用飞机)》文件标准,通常有如表 3-1 所列的军用发动机维修性参数可供选择。

表 3-1 军用发动机维修性参数选择表

序 号	参数名称	参数类型		反映目标				优先选用参数
		使用参数	合同参数	战备完好性	任务成功	维修人力费用	保障费用	
1	平均修复时间		√			√		√
2	最大修复时间		√			√		
3	平均维修时间	√				√		√
4	每飞行小时直接维修工时	√				√		√
5	每工作小时直接维修工时	√				√		√
6	每飞行小时的维修器材费用	√					√	√
7	更换发动机时间	√				√		
8	拆装发动机时间	√				√		
9	平均不能工作时间	√		√		√		
10	平均预防性维修时间		√			√		
11	平均维护时间	√				√		
12	每飞行小时直接维修费用		√				√	
13	故障检测率	√	√			√		
14	故障隔离率	√	√			√		
15	虚警率	√	√			√		
16	不能复现率					√		
17	重测合格率					√		

表 3-1 中参数可用于型号论证、研制、生产和使用阶段。

从表 3-1 中可以看出,维修性参数分为两类,即使用参数和合同参数。

使用参数直接反映对装备使用需求的维修性参数,使用部门认为这样的参数能通过统计计算表达对装备维修性的要求。使用参数往往包括了许多承制方无法控制的在使用中出现的随机因素,如行政管理和供应等方面的延误。比如表 3-1 中的"平均维修时间"参数,包括了修复性时间和预防性维修,而预防性维修是在实际使用中才出现的,会受一些不确定因素的影响。

合同参数是在合同或研制任务书中表述订购方（使用方）对装备维修性要求的，而且是承制方在研制与生产过程中能够控制和研制的维修性参数，合同参数的量值称为合同指标。

2. 常用发动机可靠性和维修性参数

在发动机使用阶段，通常使用的发动机可靠性和维修性参数如下：

- 空中停车率 r_{IFSD}（IFSD，In Flight Shut Down），单位为 Events/1 000 EFH（Engine Flight Hours，发动机飞行小时）；
- 提前换发率 r_{UER}（UER，Unscheduled Engine Removal），单位为 Events/1 000 EFH；
- 返修率 r_{SVR}（SVR，Shop Visit Rate），单位为 Events/1 000 EFH；
- 平均故障间隔飞行小时 T_{MFHBF}（MFHBF，Mean Flight Hours Between Faults），单位为 Events/1 000 EFH；
- 每飞行小时直接维修工时 L_{DMF}（DMF，Direct Maintenance Man-Hours per Flight Hour），单位为直接维修工作小时/每飞行小时；
- 更换发动机时间 T_{ER}（Engine Replacement Time），单位为 h；
- 翻修间隔期限（TBO，Time Between Overhaul），单位为 h。

上述参数反映了作战、训练、维修及保障的不同需求。

3. 国内机种选择的可靠性和维修性参数

涡扇发动机的可靠性和维修性参数：

- 平均故障间隔飞行小时，并给出成熟期和设计定型时指标值；
- 空中停车率；
- 发动机每飞行小时直接维修工时；
- 提前换发率；
- 更换发动机时间；
- 翻修间隔期限。

3.2.3 民用发动机维修性参数

在使用阶段可选择的民用发动机维修性参数有：空中停车率、返修率、每飞行小时直接维修工时、更换发动机时间、定期检查周期、每飞行小时直接维修费用等。

计算上述几个指标时，均以装配该型号发动机总的机群来统计。但为了比较分析各航空公司对发动机使用的好坏，有时也分别按各航空公司所拥有的机群来统计，这时必须指出是某航空公司的数据。

统计的周期，一般可按月、季、年分别进行，作为近期参考时，以按月计算为好。但选用可靠性和维修性参数时，均应注明统计周期。因为发动机的可靠性是不断提高的，例如民用航空发动机在 20 世纪 70 年代初期,提前换发率、返修率均大于 1.0 次/1 000 飞行小时,而到了 20 世纪末期提前换发率为(0.1～0.02)次/1 000 飞行小时,返修率低于 0.2 次/1 000 飞行小时。而早期的空中停车率为(0.8～0.2)次/1 000 飞行小时,到 20 世纪末空中停车率在成熟的民用发动机中为 0.001～0.003。如图 3-1 所示,以 RB211 发动机为例,从其空中停车率随使用时间的变化可以看到成熟发动机的变化过程。

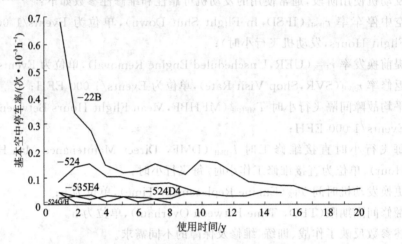

图 3-1　RB211 发动机空中停车率随使用时间的变化

由此可见,可靠性和维修性指标是随时间变化的。同时,大量试验确保了发动机可靠工作,一般要用 10～20 台发动机进行大约 1 万小时整机试验和 10 余万小时的部件、附件试验。即使发动机定型后(即取得如美国联邦航空局 FAA 的适航证后),试验工作仍不停止。普遍采用加速循环耐久性试验,进一步暴露发动机中隐藏的问题,并进行纠正以提高发动机的可靠性。

发动机可靠性指标投入成熟期加快,例如 1972 年投入使用的 RB211—22B 发动机经过 14 年后返修率才达到成熟期,第二代 RB211—524 发动机 1977 年投入使用,第三代系指 1984 年投入使用的 RB211—535E4 及 1989 年投入使用的 RB211—524G/H。第三代的 RB211—535E4 发动机经过 5 年就进入成熟期,并且其可靠性指标达到比第一代发动机投入使用 15 年以后还低的返修率。

发动机以较大推力的标准取证,投入营运时降低功率使用,使发动机主要零件处于较低温度与压力状态工作,以提高发动机的可靠性。例如 PW4084 发动机取证时的推力为 391.5 kN,飞行投入营运时发动机以 342 kN 的推力工作,遣达 800(Trent800)发动机取证时推力为 389 kN,投入营运时的推力为 347 kN。由于降功率使用,使得返修率、每飞行小时直接维修工时、每飞行小时直接维修费用等维修性指标也随之改变。

3.3　指标的确定

3.3.1　指标确定的依据与要求

使用需求是确定指标的主要依据,国内外现役同类装备的维修性水平是确定指标的主要参考值,预期采用的技术可能使产品达到的维修性水平是确定指标的又一重要依据。现行的维修保障体制维修职责分工,各级维修时间的限制,是确定指标的重要因素。维修性指标的确定应与可靠性、寿命周期费用、研制进度等多种因素进行综合权衡。

确定维修性指标时,主要应考虑的因素如下:

① 预期的使用时间;

② 所要求的可用性水平;

③ 使用环境和任务剖面;

④ 维修人员的专业类型和技能水平;

⑤ 可用的技术(检测、诊断、维修等);

⑥ 相似产品已达到的维修性水平和预期的增长。

维修性指标在军用发动机型号论证时应提出目标值和门限值,并在制定合同和研制任务书时应提出规定值和最低可接受值。也可以只提出门限值或最低可接受值,但同时还应明确以下内容:

① 寿命剖面。

② 任务剖面。

③ 故障判别准则。按国军标 GJB 241—1987《航空涡轮喷气和涡轮风扇发动机通用规范》和国军标 GJB 242—1987《航空涡桨、涡轴发动机通用规范》规定的发动机故障定义判别。

④ 维修方案。应明确维修级别、维修资源等,同一个维修性参数在不同的维修级别和维修保障条件下其指标要求是不同的。

⑤ 验证方法。若在厂内实验室进行,则必须明确试验验证方案和其依据的标准、规范以及有关参数(如生产方风险 α、使用方风险 β、T_{BF} 检验上限、T_{BF} 检验下限、鉴别比 d、置信度 C 等)。若采用将性能试验、环境应力试验、耐久性试验与可靠性试验相结合的方法进行验证,则应明确如何收集和处理有关的数据。在按系统验证可靠性和维修性指标不现实或不充分的情况下,则应明确规定允许用低层次产品的试验结果推算出系统可靠性和维修性值,但必须有依据,并附有详细说明。应该明确该指标是点估计值还是单边置信下限值。

⑥ 应达到指标要求的时限。

⑦ 其他假设和约束条件。

对于新研制机种所选取的寿命及可靠性指标应在型号规范中予以具体规定。对于在研及已定型机种所选取的寿命及可靠性指标,经订购方与承制方协商后在合同中予以具体规定。

新研制机种在型号研制开始前,根据订购方要求,经与承制方商定,在型号规范中规定寿命指标的要求值,研制单位应根据上述要求值进行设计,并在发动机设计定型时给出初始值(除翻修间隔时限外),取得经验后,根据内场试验及使用单位反馈的使用信息给出确定值。

总寿命仅适用于在研及已定型机种,其指标由承制方根据内场有关试验、订购方和承制方提供的信息进行综合分析后逐步给出。总寿命的给定时间应不影响发动机的正常使用。

翻修间隔期限由承制方给出参考值,承修单位根据此参考值、翻修条件、水平及经验等给出翻修间隔期限的确定值。

发动机的可靠性和维修性指标在设计定型时,应根据已进行的试验及类似机种的指标给出参考值,待发动机批量使用后再逐步予以修正。

下面通过一个具体的维修参数,即每飞行小时维修工时,介绍如何进行指标计算。

发动机每飞行小时维修工时是发动机维修品质的主要定量参数之一,下列维修任务应列入发动机每飞行小时维修工时的指标计算,即:

① 飞行前与飞行后的检查;

② 包括热端部件在内的定期检修;

③ 包括排除故障、调整、修理或拆卸与更换在内的非预定维修和二级维修;

④ 发动机的部件修理与整机翻修;

⑤ 发动机的维护保养。

下列维修任务不应列入发动机每飞行小时维修工时的指标计算,即:

① 涉及发动机性能改进或者规范要求更改的技术通报和时限技术通报;

② 维修发动机时,对非发动机所带设备的拆卸与安装;

③ 发动机所用燃油的加注、化验等;

④ 非发动机本身原因而从飞机上拆下或更换发动机;

⑤ 不属于发动机本身的故障或异常所进行的维修任务;

⑥ 为放置(搬动)地面设备和移动飞机所要求的维修工作。

3.3.2 军用发动机维修性指标

1. 几种国内航空发动机可靠性与维修性指标

(1) WP8Ⅲ发动机

WP8Ⅲ发动机采用的故障定义:该机在使用中零部件损坏或性能变坏,除外场能更换的成品附件外,用常规方法排除不了的故障。由外场统计得出:

➤ 首次翻修期限(首翻期)为 800 h,翻修后累计寿命为 1 300 h;

➤ 空中停车率为 0.027 4/1 000 h;

➤ 提前换发率为 0.295 4/1 000 h。

（2）WP13 发动机
- 平均故障间隔时间为 35 h；
- 平均故障率为 2.8%；
- 平均修复时间为 9 h/次；
- 油封 WP13 发动机工作时间 4 人、41 min；
- 安装发动机时间 10 人、3 h 48 min，拆卸发动机时间 10 人、55 min 36 s，即拆装发动机时间为 10 人、4.727 h。

（3）WP7 系列发动机

WP7 系列发动机首翻期数据，见表 3 - 2。

表 3 - 2　WP7 发动机系列的首翻期

型　　号	WP7	WP7 乙	WP7B	WP7B(BM)	WP7 乙 Ⅲ	WP7C(03)	WP7E
首翻期/飞行小时	200	100	200	250	300	300	300

2. 国外几种航空发动机可靠性和维修性指标

俄罗斯的苏—27 战斗机其动力系统 AL—31F 系列发动机的翻修寿命为 300 飞行小时，最初总寿命为 900 飞行小时，后经采用新技术使总寿命延长到 1 500 飞行小时。美国第三代涡扇发动机 F100 和 F110 的翻修期在 800～1 000 飞行小时，总寿命在 2 000～4 000 飞行小时。

美国普惠公司的 F100—PW—100 发动机是第一种投入使用的高推重比达到 8.0 的发动机，由于研制中单纯追求高推重比这一性能要求，而忽视了可靠性和耐久性。在 F—15 战斗机投入使用后，暴露出发动机有许多影响可靠性的结构强度方面的严重问题。例如出现了压气机失速、大量涡轮叶片超温和烧伤、燃油泵寿命短等后果，致使大批 F—15 战斗机不能形成战斗力。为与 GE 公司的 F110 发动机相抗衡，普惠公司不惜牺牲性能而在 F100—PW—100 发动机基础上发展了提高可靠性的 F100—PW—220 发动机，后者于 1985 年投入使用，主要用于 F—15C/D 和 F—16C/D 战斗机。改进前后的 F100 发动机的主要可靠性指标如表 3 - 3 所列。

表 3 - 3　F100 可靠性与维修性指标

序　号	参数名称	F—15 F100—PW—100	F—16 F100—PW—200	F—15C/D F100—PW—220	F—16C/D F100—PW—220
1	外场可换件更换率	3.7/1 000 EFH	2.3/1 000 EFH	1.4/1 000 EFH	1.4/1 000 EFH
2	返修率	4.9/1 000 EFH	7.57/1 000 EFH	2.2/1 000 EFH	2.7/1 000 EFH
3	每飞行小时直接维修工时	1.2	1.8	0.39	0.55
4	平均维修活动间隔时间	63 h	60 h	132 h	147 h
5	空中停车率		0.008/1 000 h		0.0

对 1997—1998 年 1 年间美国空军机队的飞行数据进行统计分析,得到以下数据:F100—PW—220/E 发动机每月飞行小时平均为 7 357 EFH,提前换发率(UER)为 3.07/1 000 EFH,维修成本为 510 美元/EFH,平均换发间隔时间(MTBR)<200 h。为此,制定了未来提高各项指标的目标,分别达到:UER 为 1.1/1 000 EFH,返修率(SVR)为 3.3/1 000 EFH,MTBR>500 EFH,维修成本降低到 280 美元/EFH。当然,此目标数据经过 10 多年的努力,当年的目标早已实现了。由表 3-3 可以看出,其中返修率达到(2.2~2.7)/1 000 EFH,平均维修活动间隔时间延长 1 倍多,表明关键件的寿命周期大大延长。表 3-4 列出了这两种型别发动机单元体检修间隔期的比较。

表 3-4 F100 两种型别发动机单元体检修间隔期比较

单元体	F100—PW—100	F100—PW—220
风扇 TAC/循环	3 000	3 000
压气机 TAC/循环	1 800	4 000
高压涡轮 TAC/循环	1 800	4 000
低压涡轮 TAC/循环	3 000	3 000
主燃油泵 TOT/h	600	2 000

注:TAC 为累计的总循环数,TOT 为总的工作小时数。

由表 3-4 可以看出,—220 型比—100 型压气机和高压涡轮的循环数大大提高。主要采取了多项措施,例如轮盘采用损伤容限设计准则;采用了带双层气膜冷却通道、滚压成形的火焰筒,提高了冷却效果,使寿命提高 2 倍多;采用单晶叶片和较先进的冷却结构,增大了涡轮工作温度的裕度;燃油泵由原来的叶片式泵改为齿轮泵,使零件数减少 410 个,可靠性提高 6 倍,使用寿命提高 2 倍。

3.3.3 民用发动机维修性指标

几种典型的民用发动机可靠性和维修性参数数据如表 3-5 所列,2010 年统计的数据如表 3-6 所列。

表 3-5 几种民用发动机可靠性和维修性参数数据

序 号	发动机型号	空中停车率/(次·10^{-3}h^{-1})	返修率/(次·10^{-3}h^{-1})	提前换发率/(次·10^{-3}h^{-1})	航班正点率/%	统计时间
1	CFM56—2C	0.012	0.155		99.93	1998 年 9 月
2	CFM56—3	0.002	0.094		99.99	2001 年 12 月
3	CFM56—5A	0.004	0.064		99.94	2001 年 12 月
4	CF6—6	0.018	0.351		99.99	1998 年 9 月

续表 3 - 5

序　号	发动机型号	空中停车率/ (次·$10^{-3}h^{-1}$)	返修率/ (次·$10^{-3}h^{-1}$)	提前换发率/ (次·$10^{-3}h^{-1}$)	航班正点率/%	统计时间
5	CF6—50	0.009	0.180		99.91	1998 年 9 月
6	CF6—80A	0.004	0.204		99.95	1998 年 9 月
7	CF6—80C2	0.005	0.092		99.97	2001 年 12 月
8	V2500	0.012	0.032		99.92	1999 年 3 月
9	PW4084	0		0.042	99.9	1997 年 2 月
10	PW2037	0.032	0.096	0.20	99.95	1993 年 1 月
11	RB211—535E4	0.009	0.064			1992 年 6 月
12	RB211—524	0.010	0.04			1992 年 6 月

表 3 - 6　CFM56 民用发动机可靠性和维修性参数数据

序　号	发动机型号	装用飞机	提前换发率/ (次·$10^{-3}h^{-1}$)	返修率/ (次·$10^{-3}h^{-1}$)	空中停车率/ (次·$10^{-3}h^{-1}$)
1	CFM56—3	B737—300/400/500	0.039	0.078	0.004
2	CFM56—5A	A319/320	0.029	0.082	0.004
3	CFM56—5B	A318/319/320/321	0.017	0.030	0.002
4	CFM56—5C	A340	0.033	0.063	0.004
5	CFM56—7B	B737NG	0.025	0.030	0.003

注：1 表中的数据为 2010 年全年全世界的统计数据。

　　2 统计数据有由于发动机事故造成的,也有与发动机有关的其他原因,如 FOD(外来物打伤)。

　　3 数据单位为每 1 000 飞行小时。

　　4 统计数据来源于全球 9 005 架飞机、21 546 台发动机和 531 家用户。

　　由表 3 - 5 和表 3 - 6 的对比可以看出,近 10 年来 CFM56 系列发动机的空中停车率、返修率和提前换发率三个指标量级未发生大的变化,已经发展成较为成熟的机型。

　　表 3 - 7 列出了 2010 年全年 GE90 系列发动机与维修性有关的主要统计数据。

　　从表 3 - 7 中可以看出,GE90—110B/115B 发动机的空中停车率几乎为零,从而满足了双发装配波音 B777 大型客机要求。该机型在投入航线营运就能获批 180 min 双发动机延程飞行 ETOPS(Extended-range Twin-engine Operational Performance Standards),使之能飞行世界上任何航线。另外,其载客量达到 305～440 人,它是介于四发双层客机波音 B747—400 与双发客机波音 B767—300 之间的载客量。

表 3-7 GE90 发动机有关数据

序 号	项 目	GE90—94B	GE90—110B/115B
1	装飞机数	168	345
2	发动机数	407	783
3	运行小时/循环数	14 Mh/2.5×10^6	8.5 Mh/1.1×10^6
4	航班正点率/(次·10^{-3}h^{-1})	99.94	99.95
5	空中停车率/(次·10^{-3}h^{-1})	0.004	<0.001
6	提前换发率/(次·10^{-3}h^{-1})	0.115	0.078

注:表中为 2010 年统计的来自全世界所有国家和地区的数据。

CFMI 公司统计了自 1986 年 1 月到 1992 年 7 月的六年半时间内,CFM56—3 发动机多次返修和造成空中停车的故障,表 3-8 和表 3-9 分别列出了导致发动机返修和空中停车的主要故障部件、故障原因、故障次数和故障率统计。

表 3-8 影响返修率的故障原因及故障率统计

序 号	发生故障部件	故障原因	故障次数	故障率/%
1	发动机	排气温度过高	562	29.01
2	HPT 外环	HPT 外环后侧断裂	221	11.40
3	HPT 转子	高压涡轮轴	179	9.21
4	低压涡轮	第 4 级动叶未锁上	64	3.30
5	发动机	启动慢	53	2.68
6	3 号轴承	3 号轴承失效	52	2.68
7	火焰筒	外层应力大引起破裂	45	2.32
8	发动机	振动大	36	1.85
9	火焰筒	外层断裂	35	1.80
10	HPT 外环	"C"形夹断裂	33	1.70
11	发动机	LPT 超温	29	1.50
12	HPT 转子	HPT 叶片应力破坏	27	1.39
13	火焰筒	内层断裂	25	1.29
14	滑油系统	金属屑	24	1.24
15	燃烧室机匣	中间法兰连接螺栓	22	1.14
16	HPT 转子	动叶叶尖磨损	20	1.03
17	HPT 转子	轮盘裂纹	20	1.03
18	其他		491	25.34
总计			1 938	100.00

表 3 - 9 影响空中停车率的故障原因及故障率统计

序 号	发生故障部件	故障原因	故障次数	故障率/%
1	3 号轴承	失效	25	24.51
2	LPT 轴	4 号轴承失效	12	11.76
3	发动机	熄火	7	6.86
4	滑油系统	滑油管路失效	4	3.90
5	燃油系统	燃油泵失效	3	2.94
6	显示系统	EGT 测量电缆失效	3	2.94
7	传动齿轮箱	TGB Vespel 螺母松	3	2.94
8	附件传动齿轮箱	轴封泄露	2	1.96
9	气路封严	CDP 封严失效	2	1.96
10	显示系统	EGT 显示仪错误	2	1.96
11	HPC 1 级静子	VSV 操纵杆失效	2	1.96
12	1 号、2 号轴承单元	油气分离器失效	2	1.96
13	1 号、2 号轴承单元	3 号轴承滑油封严失效	2	1.96
14	发动机	恶劣气候条件	2	1.96
15	传动齿轮箱	径向传动轴破坏	2	1.96
16	传动齿轮箱	滑油分配器失效	1	0.98
17	空气调节系统	VSV 反馈电缆	1	0.98
18	发动机	熄火	1	0.98
19	其他		25	24.51
总计			102	100.00

由表中不同故障率的高低可以给设计者和维修人员以启示,要十分关注故障率高的部件,减少这些部件的故障发生,就可降低维修性指标。

3.4 维修性模型

维修性模型是指为分析、评定系统的维修性而建立的各种物理模型和数学模型。建立维修性模型是装备维修性主要工作项目之一。一般来说,在复杂装备的维修性分析中,都要求建立维修性模型。

在产品研制过程中,建立维修性模型可用于以下几个方面:

① 进行维修性分配,把系统级的维修性要求分配给系统级以下各个层次,以便进行产品

设计；

② 进行维修性预计和评定,估计或确定设计或设计方案可达到的维修性水平,为维修性设计与保障决策提供依据；

③ 当设计变更时,进行灵敏度分析,确定系统内的某个参数发生变化时,对系统可用性、费用和维修性的影响。

3.4.1 物理模型和数学模型

1. 物理模型

物理模型常用以反映各项维修活动间的顺序或层次、部位等的框图模型,常见有维修职能流程图和系统功能层次图。

维修职能是一个统称,可以指实施产品维修级别的,也可以指在某一具体级别上实施维修的各项活动,这些活动是按时间先后顺序排列出来的。维修职能流程图是对两类维修提出要点并找出各项职能之间相互联系的一种流程图。对某一维修级别来说,维修职能流程图应包括从产品进入维修时起,直到完成最后一项维修职能,使产品恢复到规定状态为止的全过程。

维修职能流程图随产品的层次、维修的级别不同而不同。图 3 - 2 所示为系统等级维修职能流程图,表明该系统在使用期内操作员要进行维护,实施预防性维修或排除故障维修共有三个级别,即现场级、中间级和基地级。图 3 - 3 所示为中间级维修职能流程图,表示该设备从接收到返回基层级的一系列维修活动,包括准备活动、诊断活动和更换活动等。

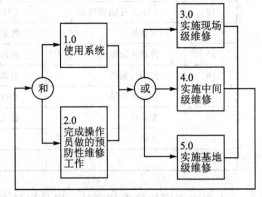

图 3 - 2　系统等级维修职能流程图

维修职能流程图是一种非常有效的维修性分析手段,如果把有关的维修时间和故障率的数值标在图上,就可以很方便地进行维修性的分配和预计以及其他分析。

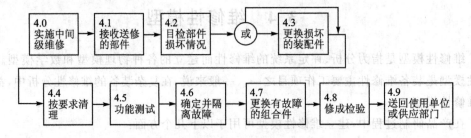

图 3 - 3　中间级维修职能流程图

2. 统计模型

维修性函数表达了规定条件下产品修复概率与时间的关系,是最基本的维修性数学模型。

(1) 维修度 $M(t)$

维修性的概率表示称为维修度。维修度是指在规定的条件下和规定的时间内,使产品的参数恢复到规定范围内的概率。可用下式表示:

$$M(t) = \lim_{N \to \infty} n(t)/N \tag{3-15}$$

式中:$n(t)$——t 时间内产品被修复的次数;

　　　N——系统发生故障的次数。

在工程实践中,维修度用试验和统计数据来求得。维修度表示产品维修的难易程度,当 $t=0$ 时,$M(t)=0$,表示产品处于故障状态。

(2) 维修时间密度函数 $m(t)$

维修度 $M(t)$ 是指在 t 时间内完成维修的概率。可用下式表示:

$$m(t) = \frac{\mathrm{d}M(t)}{\mathrm{d}t} \tag{3-16}$$

维修时间密度函数的工程意义是单位时间内产品预期完成维修的概率,即单位时间内修复数与送修总数之比。

(3) 修复率 $\mu(t)$

修复率 $\mu(t)$ 的表达式为

$$\mu(t) = \frac{m(t)}{1 - M(t)} \tag{3-17}$$

在工程实践中,通常用平均修复率或常数修复率表示,其意义为单位时间内完成维修的次数,可用规定条件下和规定时间内,完成维修的总次数与维修总时间之比表示。

3. 分布模型

各种产品的维修性函数不同,可用统计分布模型表达。

产品的维修时间不是一个常量,而是以某种统计分布的形式存在的。在维修性分析中最常用的时间分布有正态分布、对数正态分布、指数分布和 Γ 分布。具体产品的维修时间分布应当根据实际维修数据进行分布检验后确定。

(1) 正态分布

正态分布适用于简单的维修活动或基本维修作业。如简单地拆卸或更换某个零部件所需的时间一般符合正态分布。

(2) 对数正态分布

对数正态分布适用于描述各种复杂产品的修理停用时间,这类时间一般是由较多的小的维修活动组成。

（3）指数分布

一般认为经过较短时间调整或迅速换件即可修复的产品服从指数分布。

（4）Γ 分布

Γ 分布属于指数型分布，由于其分布形式比较灵活，当选择不同的参数值时，它可以转化为指数分布、χ^2 分布等。

4. 维修时间模型

维修时间是为完成某次维修事件所需的时间。随着维修事件的种类、维修人员技能差异、工具、设备和环境的不同，维修时间也会不同。因此，产品的维修时间不是一个固定的量值，而是一个服从于某种分布的随机变量。

维修数学模型是依据其物理模型而确定，通常包括串行维修作业模型、并行维修作业模型和网络型维修作业模型。

（1）串行维修作业模型

串行维修作业是指在由若干维修作业 T_i 组成的维修中，前项维修工作的完成是下一项维修作业进行的基础。其串行维修作业时间的计算表达式为

$$T = T_1 + T_2 + \cdots + T_n = \sum_{i=1}^{n} T_i \qquad (3-18)$$

若各项基本维修作业的时间分布未知，可按 β 分布处理。假设随机变量 T_i 服从 β 分布，为了估计 T_i 的均值，常采用下列三点估计公式：

$$E(T_i) = (a + 4m + b)/6 \qquad (3-19)$$

式中：a——最乐观估计；

b——最保守估计；

m——最大可能值。

（2）并行维修作业模型

并行维修作业是指在产生了多重故障后同时进行维修作业，各组零部件的维修作业是相互独立的，而且维修的各组零部件之间存在装配关系。其并行维修作业时间的数学表达式为

$$T = \max\{T_1, T_2, \cdots, T_n\} \qquad (3-20)$$

由此可见，完成并行维修作业的时间等于并行作业中最长的维修时间。

（3）网络维修作业模型

网络维修作业模型实际上是一种串并联混联模型，各工序之间存在着影响和制约的关系。它适合于产品的大修时间分析，以及有交叉作业的预防性维修活动分析。采用网络计划技术的基本原理，建立维修网络图，然后找出关键路线。关键路线上的各维修作业按串行维修作业模型计算维修时间的分布。

3.4.2　发动机维修性模型

1. 串行维修作业时间模型

对于零部件的维修活动建立其物理模型如图 3-4 所示。

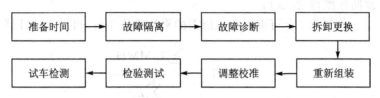

图 3-4　维修活动物理模型

采用时间综合法来建立数学模型,即把与维修活动各部分有关的时间加在一起,得到维修活动的总维修时间,即

$$\overline{M}_{ct} = \sum_{m=1}^{8} T_m = T_p + T_f + T_d + T_c + T_r + T_a + T_e + T_s \tag{3-21}$$

式中:T_p——维修作业的准备时间;

T_f——故障隔离时间;

T_d——故障诊断的时间;

T_c——拆卸更换或原位修复的时间;

T_r——重新组装的时间;

T_a——调整的时间;

T_e——检验的时间;

T_s——试车的时间。

2. 维修工时率模型

(1) 每飞行小时的平均直接维修工时

每飞行小时需投入的维修工时可以用下面的公式计算:

$$L_{DMF} = \sum_{i=1}^{N} (1 + \gamma_{EAi}) \cdot \lambda_i \cdot MMH_i + $$
$$\sum_{i=1}^{N} \gamma_{CNDi} \cdot \lambda_i \cdot MMH_d + \sum_{j=1}^{M} F_j \cdot MMH_j \tag{3-22}$$

式中:N——更换单元数;

γ_{EAi}——虚警率,是指测出某可更换单元发生故障,但实际上该单元并没有发生故障;

λ_i——用每飞行小时的故障数表示;

γ_{CNDi}——不能复现率,是指在正常工作期间检测出故障,但在故障隔离过程中不能复现的故障;

F_j——每飞行小时第 j 次预防性维修活动数；

MMH_d——与不能复现率有关的平均维修工时，通常包括准备时间 T_p 和故障隔离时间 T_f；

MMH_j——完成第 j 次预防性维修的工时；

M——预防性维修的工时；

MMH_i——修复第 i 个可更换单元所需的平均维修工时，可用下式计算：

$$MMH_i = \frac{\sum_{j=1}^{q} \lambda_{ij} MMH_{ij}}{\sum_{j=1}^{q} \lambda_{ij}} \tag{3-23}$$

式中：q——故障隔离结果数；

λ_{ij}——第 j 次隔离出的第 i 个更换单元的故障数；

MMH_{ij}——修复第 j 次隔离出的第 i 个更换单元所需的维修工时。

由式（3-22）可见，L_{DMF} 表征发动机维修的频率，例如每飞行小时需维修 3 h。由式（3-22）可以看出，每飞行小时的直接维修工时包括 4 部分：第一部分是发生故障所需的维修工时；第二部分是指示出某可更换单元发生故障，但实际上该单元并没有发生故障而消耗的维修工时；第三部分是在飞行中检测出故障，但在故障隔离过程中不能复现的故障，进而所投入的维修工时；第四部分是预防性维修活动所需的维修工时。

（2）每项维修活动的平均直接维修工时

按照每项维修活动计算平均维修工时，则得到平均直接维修工时为

$$L_{DMA} = MMH/MA$$

即

$$L_{DMA} = \frac{\sum_{i=1}^{N}(1+\gamma_{EAi}) \cdot \lambda_i \cdot MMH_i + \sum_{i=1}^{N}\gamma_{CNDi} \cdot \lambda_i \cdot MMH_d}{\sum_{i=1}^{N}(1+\gamma_{EAi}) \cdot \lambda_i + \sum_{i=1}^{N}\gamma_{CNDi} \cdot \lambda_i} \tag{3-24}$$

式中：MA(Maintenance Action)——维修活动。

从该模型可以看出，它是指在包括故障维修、虚警维修和故障不能复现的维修活动中平均所需的维修工时。

3. 故障隔离率模型

它表示故障隔离到单个更换单元的百分数，即

$$\gamma_{FI} = \frac{\sum_{k=1}^{K} \lambda_k}{\sum_{i=1}^{N}\sum_{j=1}^{q} \lambda_{ij}} \times 100\% \tag{3-25}$$

式中:K——故障隔离的次数;

　　λ_k——第 k 次的故障率;

　　λ_{ij}——第 j 次隔离出的第 i 个更换单元的故障数。

3.4.3　可用度模型

系统可正常工作或处于修理状态,两种状态交替循环。在任一随机时刻系统能正常工作的程度为可用性,其概率度量称为可用度。可用性所考虑的时间包括工作时间、实际修理时间、行政管理时间和保障延误时间,但不包括任务时间。可用度模型能为系统的设计特性及系统的使用、维修和保障方案等进行权衡分析提供有用工具,以保证系统获得优化的设计特性和最佳的使用、维修和保障方案。工程中可用度可划分为使用可用度(A_o)、固有可用度(A_i)和可达可用度(A_a)。

1. 使用可用度 A_o

使用可用度 A_o(operational availability)是与能工作时间和不能工作时间有关的一种可用性参数。该参数为使用参数,一般应在使用阶段进行评估。用时间关系表示的使用可用度模型为

$$A_o = \frac{T_U}{T_U + T_D} = \frac{T_O + T_S}{T_O + T_S + T_{CM} + T_{PM} + T_{OS} + T_{ALD}} \quad (3-26)$$

式中:T_U——能工作时间;

　　T_D——不能工作时间;

　　T_O——工作时间;

　　T_S——待命时间;

　　T_{CM}——修复性维修时间;

　　T_{PM}——预防性维修时间;

　　T_{OS}——使用保障时间;

　　T_{ALD}——延误时间。

对于间歇使用的系统,在两次使用之间有比较长的待命时间或不工作时间,如飞机、航空发动机等,其 A_o 可采用下式:

$$A_o = 1 - \frac{\overline{M}_{ct} + T_{MLD}}{K_1 T_{BF}} \quad (3-27)$$

式中:$\overline{M}_{ct}$——系统的平均修复时间(MTTR);

　　T_{MLD}——系统的平均保障资源延误时间;

　　T_{BF}——系统的平均故障间隔时间(MTBF);

　　K_1——运行系数,系统的能工作时间与工作时间之比。

使用可用度考虑系统的固有可靠性、维修性、测试性、修复性维修和预防性维修,以及管理、使用和保障等各种因素的影响。在计算系统的总时间时,不应包括系统不工作或很少工作的那段时间,如大修厂修理时间和储存时间。

2. 固有可用度 A_i

固有可用度 A_i(inherent availability)是仅与工作时间和修复性维修时间有关的一种有用性参数。该参数为合同参数。用时间关系表示的固有可用度模型为

$$A_i = \frac{T_O}{T_O + T_{CM}} \tag{3-28}$$

式中:T_O——系统工作时间;

T_{CM}——系统的修复性维修时间。

用可靠性参数、维修性参数表示的固有可用度模型为

$$A_i = \frac{T_{BF}}{T_{BF} + \overline{M}_{ct}} \tag{3-29}$$

式中:T_{BF}——系统的平均故障间隔时间(MTBF);

$\overline{M}_{ct}$——系统的平均修复时间(MTTR)。

固有可用度仅考虑系统的工作时间与修复性维修时间,可用于描述基本可靠性和维修性的综合特性。

3. 可达可用度 A_a

可达可用度 A_a 是仅与工作时间、修复性维修和预防性维修时间有关的一种可用性参数。该参数为合同参数。用时间关系表示的可达可用度模型为

$$A_a = \frac{T_O}{T_O + T_{CM} + \overline{M}_{pt}} \tag{3-30}$$

式中:T_O——系统工作时间;

T_{CM}——系统的修复性维修时间;

$\overline{M}_{pt}$——系统的预防性维修时间。

用可靠性参数、维修性参数表示的可达可用度模型为

$$A_a = \frac{T_{BM}}{T_{BM} + \overline{M}_{ct}} \tag{3-31}$$

式中:T_{BM}——系统的平均维修间隔时间(MTBM);

$\overline{M}_{ct}$——系统的平均修复时间。

可达可用度除了考虑 A_a 的时间外,还考虑预防性维修时间,但不考虑使用和保障的影响。它是一种受系统的硬件和维修规划影响更明显的参数。

例　某个单部件的可修系统,原设计故障率为 $\lambda = 0.000\,2\,\mathrm{h}^{-1}$,修复率为 $\mu = 0.06\,\mathrm{h}^{-1}$,求其固有可用度?

解　系统可用度求得:

$$A_{\mathrm{i}} = \frac{T_{\mathrm{BF}}}{\overline{M}_{\mathrm{ct}} + \overline{M}_{\mathrm{ct}}} = \frac{\mu}{\lambda + \mu} = \frac{0.06}{0.000\,2 + 0.06} = 0.997$$

3.4.4　战备完好率模型

可用度有时不能充分描述一个武器系统在任一时刻投入某一战斗任务的能力,因此在许多实际军事行动中,习惯使用战备完好率这个术语。

战备完好率定义:当某一军用装备(如战斗机)在接到作战指令时,准备好投入执行军事任务的概率。它与可用度一样都是以工作时间与停机时间之比定义的。不同的是,可用度的停机时间包括有效的修理时间、行政时间和后勤时间。而战备完好率的停机时间中除包括上述这些时间外,还包括空闲时间和储存时间,也就是所有的日历时间。其表达式为

$$P_{\mathrm{OR}} = R(t) + Q(t)P(t_{\mathrm{m}} < t_{\mathrm{d}}) \tag{3-32}$$

式中:P_{OR}——战备完好率;

$\quad R(t)$——在前项任务中的无故障概率;

$\quad Q(t)$——在前项任务中发生一次或多次故障的概率;

$\quad P(t_{\mathrm{m}} < t_{\mathrm{d}})$——当发生故障时,系统的修复时间 t_{m} 比要执行下一次任务的时间 t_{d} 短的概率。

经推导:

$$P_{\mathrm{OR}} = R(t) + Q(t)[\overline{M}_{\mathrm{ct2}}/(\overline{M}_{\mathrm{ct1}} + \overline{M}_{\mathrm{ct2}})] \tag{3-33}$$

式中:$\overline{M}_{\mathrm{ct1}}$——系统平均修复时间;

$\quad \overline{M}_{\mathrm{ct2}}$——下一次任务下达前的平均时间。

例　某歼击机持续执行 1 h 任务后返回,$R(1) = 0.9$,$Q(1) = 1 - R(1) = 0.1$,$\overline{M}_{\mathrm{ct1}} = 1\,\mathrm{h}$,$\overline{M}_{\mathrm{ct2}} = 4\,\mathrm{h}$,求战备完好率。

$$P_{\mathrm{OR}} = 0.9 + 0.1[4/(1+4)] = 0.98$$

而稳态可用度,$\overline{M}_{\mathrm{ct1}} = 1\,\mathrm{h}$, $R(1) = 0.9$, $T_{\mathrm{BF}} = 9.49$

$$A_{\mathrm{i}} = \frac{T_{\mathrm{BF}}}{\overline{M}_{\mathrm{ct1}} + T_{\mathrm{BF}}} = \frac{9.49}{1 + 9.49} = 0.905$$

可见,P_{OR} 与 A_{i} 之间的差别很明显。

3.4.5 系统效能模型

系统效能(有效度)的定义是:系统性能满足一组规定任务要求程度的度量。系统效能是对复杂系统的可靠性、维修性、安全性等能力的综合评价指标。它包括可用度、可信度及固有能力的函数,如式(3-31)所示。其内涵见表3-10。

系统的效能 S_E(System Efficiency)为 A、D、C 三个矩阵的乘积,即

$$S_E = A \cdot D \cdot C \qquad (3-34)$$

式中:A——Availability 可用度,表征系统可使用状态程度。

D——Dependency 可信度,表征任务成功程度。

C——Capacity 固有能力,表征系统性能。

表3-10 系统效能的内涵

可用度 A	可信度 D	固有能力 C
在任务开始时 系统状态的度量	在完成任务期间 系统状态的度量	任务结果的度量
可靠性 维修性 人为因素 后勤保障	修理性 安全性 生存性 易损性	距离 精度 功率 杀伤力

3.5 维修性指标分配

维修性分配是系统进行维修性设计时要做的一项重要工作,根据产品维修性指标,按需要把它分配到各层次及其各功能部分,作为它们各自的维修性指标,使设计人员在设计时明确必须满足的维修性要求。一般来说,最常见的维修性分配指标是:平均修复时间、平均预防性维修时间、维修工时率。

3.5.1 目 的

一旦系统总的维修性指标确定后,就要由上而下地把指标分到各个功能层次,直到零件级。维修性分配的主要目的:

① 将系统维修性的定量指标逐层分配到系统的各个功能层次,使整个系统和各部件的维修性协调一致,如2个分系统的维修时间尽量相同。

② 及早地将维修性指标提供给各级设计人员,使他们能在产品设计过程中保证达到所分配到的维修性指标,即不仅解决可维修性问题,还要定量化。

③ 帮助设计人员了解全局,选择最佳方案,即优化过程。

维修性分配的指标应当是关系全局的系统维修性的主要指标,最常见的是:平均修复时间、平均预防性维修时间、维修工时率。

3.5.2 因素分析

在进行维修性分配及建立模型过程中,需考虑和分析的因素主要有:

① 维修级别。维修性指标是按哪一个维修级别规定的,就应按该级别的条件及完成的维修工作分配指标。

② 维修类型。指标要区别清楚是修复性维修还是预防性维修,或者二者的组合,相应的时间或工时与维修频率不得混淆。

③ 产品功能层次。维修性分配要将指标自上而下一直分配到需要进行更换或修理的低层次产品。要按产品功能关系根据维修需要划分产品;按国军标 GJB 368.4—1987,系统最多可分为系统、分系统、装备、机组、单元体、组件、部件、零件几个层次。

④ 维修活动。每一次维修都要按合理顺序完成一项或多项维修活动。而一次维修的时间则由相应的若干时间元素组成。通常含 7 项维修活动:准备、诊断、更换、调整和校准、保养、测试和检验、原件修复。

3.5.3 步 骤

维修性参数分配一般有以下几个步骤:

① 确定要分配的系统的维修性参数及其数值;

② 绘制系统的维修职能功能流程图,确定每一维修等级所具有的维修职能和能做的工作;

③ 制定系统功能层次图;

④ 确定系统以下各功能层次部件排除故障的维修频率和预防故障的频率以及其他分配时需具备的数据;

⑤ 用各种维修性分配方法将已规定的系统指标分配下去;

⑥ 对每个单元所分配到的维修性指标进行可行性分析,检查是否满足各项约束。

3.5.4 分配方法

系统与各组件的维修性参数 $\overline{M}_{ct}$、$\overline{M}_{pt}$、M_I 等均为加权和的形式,以下均用 $\overline{M}_{ct}$ 来讨论维修性分配方法。由于维修性分配方法的适用条件及准则不同,应选择各种不同的分配方法。

1. 等分配法

其适用的条件是:组成上层次产品各单元的复杂程度、故障率及预想的维修难易程度大致

相同。分系统的平均维修时间相等,即

$$\overline{M}_{ct1} = \overline{M}_{ct2} = \cdots = \overline{M}_{ctn} \tag{3-35}$$

2. 加权分配法

分配方法中应用最广泛的是加权法,对于第 i 个分系统的修复时间为

$$\overline{M}_{cti} = \frac{\overline{M}_{cts}}{W_i} \tag{3-36}$$

式中:$\overline{M}_{cts}$——新设计系统的系统平均修复时间;

W_i——第 i 个分系统的加权系数。

3. 相对分配法

初始设计阶段,若不掌握具体的维修性参数的定量数据,可根据经验估计出各分系统的相对故障率及修复时间的相对关系,则有:

$$\overline{\lambda}_1(c_1\overline{M}) + \overline{\lambda}_2(c_2\overline{M}) + \cdots + \overline{\lambda}_n(c_n\overline{M}) = \overline{M}_{cts} \tag{3-37}$$

可得

$$\overline{M} = \frac{\overline{M}_{cts}}{\sum_{i=1}^{n} c_i \overline{\lambda}_i} \tag{3-38}$$

则

$$\left. \begin{array}{l} \overline{M}_{ct1} = \overline{\lambda}_1 c_1 \overline{M} \\[4pt] \overline{M}_{ct2} = \overline{\lambda}_2 c_2 \overline{M} \\[4pt] \cdots \\[4pt] \overline{M}_{ctn} = \overline{\lambda}_n c_n \overline{M} \end{array} \right\} \tag{3-39}$$

式中:$\overline{\lambda}_i$——第 i 个分系统的相对故障率;

c_i——第 i 个分系统平均修复时间的对比因子;

$\overline{M}$——任何一个分系统的平均修复时间。

例 某系统由三分系统组成,已知相对故障率分别为 $\lambda_A = 25\%$,$\lambda_B = 30\%$,$\lambda_C = 45\%$,对比因子分别为 $C_A = 1$,$C_B = 2.5$,$C_C = 4$,系统的平均修复时间 $\overline{M}_{cts} = 2$ h,求各分系统平均修复时间 $\overline{M}_{ct}$。

解 $\overline{M} = 2$ h$/(1 \times 0.25 + 2.5 \times 0.3 + 4 \times 0.45) = 0.714$ h

$\overline{M}_{ctA} = 0.25 \times 1 \times 0.714$ h $= 0.178$ h

$$\overline{M}_{ctB} = 0.3 \times 2.5 \times 0.714 \text{ h} = 0.535 \text{ h}$$

$$\overline{M}_{ctC} = 0.45 \times 4 \times 0.714 \text{ h} = 1.285 \text{ h}$$

4. 可用度分配法

$$A_i = \frac{\mu}{\lambda + \mu} = \frac{T_{BF}}{\overline{M}_{ct} + T_{BF}}$$

$$\overline{M}_{ct} = \frac{1 - A_i}{\lambda A_i} \tag{3-40}$$

3.6　维修性预计方法

维修性预计是研制过程中主要的维修性活动之一，是以历史经验和类似产品的数据为基础，为评估、测算新产品在给定工作条件下的维修性参数，以便了解设计满足维修性要求的程度。一般来说，最常见的维修性预计指标是：平均修复时间、平均预防性维修时间、维修工时率和给定百分位的最大修复时间。

3.6.1　预计目的

为了判断系统的设计方案是否满足维修性指标的要求，应该尽早定量地估计产品的维修性。维修性预计是研制过程中主要的维修性活动之一，其目的是：

① 贯彻考虑维修性的产品设计思想，及早评定产品是否达到了预定的系统维修性参数的指标；

② 在方案设计阶段就能进行可靠性和维修性的权衡，以便得到最佳方案（如在可用度模型中，在故障间隔时间 T_{BF} 与平均修复时间 $\overline{M}_{ct}$ 两参数间进行权衡，即 T_{BF} 与 $\overline{M}_{ct}$ 都大或都小则不现实，只要取适当数值）；

③ 及早向设计人员指出维修不良的部件，为产品的改进、改型提供依据。

此外，维修性预计常常是用做维修性设计评审的一种工具或依据。维修性预计是研制与改进产品过程必不可少且费用效益较好的维修性工作。预计作为一种分析工作，自然不能取代维修性的试验验证。但是，预计可以在试验之前、产品制造之前乃至详细设计完成之前，对产品可能达到的维修性水平做出评估。尽管这种估计不是验证的依据，却赢得了研制过程的宝贵时间，以便早日做出决策，避免设计的盲目性，防止完成设计、制造样品试验时才发现不能满足要求且无法或难以纠正。同时，预计时分析性工作投入较少，利用它可避免频繁的试验摸底，其效益是很大的。

维修性预计的参数应同规定的指标相一致。最经常预计的是平均修复时间。根据需要也可预计最大修复时间、维修工时率或预防性维修时间。

维修性预计的参数通常是系统或设备级的,以便与合同规定和使用需要相比较。而要预计出系统和设备的维修性参数,必须先求得组成单元维修时间或工时及维修频率。在此基础上,运用累加或加权等模型,求得系统维修性参数。

3.6.2 时间累加法

确定好要预计的目标函数(如 $\overline{M}_{ct}$),掌握模型计算中所需要的数据(如故障率 λ_i),就可以计算出该功能层的维修性参数。根据系统的功能层次图,自底向上逐层预计,直至总系统。其预计的步骤如下:

① 确定系统的功能等级,把系统划分为不同层次的组成单元,如零件、组合件、部件、单元体等,这些单元在修复性维修中应该可以作为更换单元。按此绘制出功能层次图。

例如,CFM56 发动机有主单元体 4 个,维修单元体 17 个,航线可换组件 39 个。这四个功能层次的关系如表 3-11 所列。

表 3-11 CFM56 发动机系统功能层次图

单元体	风 扇	核心机	低压涡轮	附件传动
维修单元体	风扇与增压级	高压压气机转子	低压涡轮转子、静子	传动齿轮箱
	1、2 号轴承	高压压气机前静子	低压涡轮轴	附件齿轮箱
	中央传动机匣与 3 号轴承	高压压气机后静子	低压涡轮机匣	
	风扇机匣	燃烧室机匣		
		燃烧室火焰筒		
		高压涡轮进口导向器		
		高压涡轮转子		
		高压涡轮机匣与低压涡轮一级导		
航线可换组件	风扇叶片	滑油箱	燃油液压装置	转子主动间隙控制阀
	消音衬垫	滑油泵组件	点火器	点火器导线
	风扇出口导向叶片	滑油供油滤	电嘴	可调放气活门柔性轴
	发动机控制装置	滑油回油滤	FADEC	发动机排气温度附件系统
	燃油泵	核心机速度传感器	风扇转速传感器	进气锥
	燃油滤	燃油供油阀	可调静叶作动筒	T12 传感器
	T25 传感器	主球螺杆作动器	可调放气活门液压装置	低压涡轮主动间隙控制活门
	燃油喷嘴	启动器	可调放气活门	高压涡轮主动间隙控制活门
	伺服燃油加热器	启动器阀	可调放气活门反馈传感器	TCC 温度测量器
	主热交换器	燃油回流阀	齿轮箱安装座密封垫圈	

② 确定维修类型、所包括的维修活动内容及维修等级等。

③ 确定更换方案。包括确定可更换单元的数量与层次、单个更换还是成组更换、整组一次更换还是逐件更换、有多少维修人员参加修理等。

④ 确定预计所需的数据。可按照模型逐项确定所需的数据,如更换单元的故障率、故障检测、故障隔离输出或重新组装的方法等。

⑤ 选择模型,按式(3-18)作早期预计,采用式(3-38)精确模型作详细设计阶段的精确预计。

$$\overline{M}_{ct} = \frac{\sum_{i=1}^{N} \lambda_i \overline{M}_{cti}}{\sum_{i=1}^{N} \lambda_i} \quad (3-41)$$

式中:N——可更换单元的数量;

λ_i——第 i 个可更换单元的故障率,不包括任何未检测出故障的故障率;

$\overline{M}_{cti}$——第 i 个可更换单元的平均修复时间。

3.6.3 加权因子法

加权因子法通过加权因子来体现所要考虑的各种因素对系统与分系统之间维修性参数的影响。系统平均修复时间为

$$\overline{M}_{cts} = \overline{M}_{cti} W_i \quad (3-42)$$

式中:

$$W_i = \frac{n Q_i \lambda_i}{\sum_{i=1}^{n} Q_i \lambda_i}$$

其中:n——系统所含分系统种类数;

Q_i——第 i 个分系统的数量;

λ_i——第 i 个分系统的故障率。

常用的加权因子有复杂度、故障检测与隔离、可达性、可更换性及调整性等。表 3-12 列出了 4 种维修性加权因子的数值以供参考。

表 3-12 4 种维修性加权因子参考值

项 目	特 性	因子值	说 明
故障检测与 隔离因子	自动	1	全部采用机内自测试设备检测和隔离故障
	半自动	3	人工控制机内检测电路进行故障检测和隔离
	人工检测	5	用机外轻便的仪表通过机内设定的检测口进行故障检测
	人工	10	机内无设定的检测孔,须人工逐点寻迹检查故障

项　目	特　性	因子值	说　明
可达性因子	直接	1	更换故障单元时无须拆除遮盖物
	简单	2	能快速拆除遮盖物
	困难	4	拆除阻挡物或遮盖物时，须拆装螺钉、螺母等零件
	十分困难	8	除拆除螺钉外，须两人以上搬运阻挡物或遮盖物
可更换性因子	插拔	1	更换单元是插件
	卡箍	2	更换单元是模块，更换时须拆卸卡箍
	螺钉	4	更换单元要拆装螺钉
	焊接	6	更换时要进行焊接操作
调整性因子	不调	1	更换故障单元时无须调整
	微调	3	利用设备内调整单元进行调整
	联调	5	须与其他电路一起联调

以 WP7 乙发动机主燃油泵为例，对 4 种维修性加权因子作实例分析如下：

➤ 故障检测与隔离因子为 10：漏油故障，只能人工逐点寻迹检查。

➤ 可达性因子为 1：该泵外部无遮盖物。

➤ 可更换性因子为 2：更换时须拆除卡箍。

➤ 调整性因子为 5：油泵更换后，须根据发动机工作状态调整相关部位，调整量大。

对于"故障检测与隔离"的维修性影响因子实例如下：发动机台架试车测振，根据各个部位测振仪的数值，可以判断是压气机、涡轮、减速器的振动，因子为 1。外部油管接头处漏油，直接目视，因子为 1。飞机机翼大梁连接螺栓孔进行孔径及裂纹测量时，须拆卸机翼，再进行橡胶注塑磁探，因子为 10。

对于"可达性"的维修性影响因子实例如下：更换倒飞油箱，由于管路多、接口多，须先拆除部分阻挡物，因子为 4。刹车活门设置在敞开性良好的起落架舱内，便于拆除故障件，因子为 1。

对于"可更换性"的维修性影响因子实例如下：刹车组件集中在刹车附件板上，拆卸附件板须拆装螺钉，因子为 4。更换铆接支臂时，须钻掉铆钉，因子为 6。更换发动机外部电嘴导线，直接将插头拔下，打开卡口，因子为 2。

对于"调整性"的维修性影响因子实例如下：更换刹车附件后无须机上调整，只需做通电通油检查，因子为 1。更换点火电嘴后，不需调整，因子为 1。更换燃油调节器，需根据发动机台架性能调整螺钉，如 WJ6 发动机，几个螺钉还相互影响，因子为 5。

3.6.4　线性回归法

根据有关系统维修的实际数据,列出回归方程:

$$y = C_0 + C_1 X_1 + C_2 X_2 + \cdots + C_n X_n \qquad (3-43)$$

式中:y——维修性参数的预计值;

　　X_n——影响系统维修性参数的变量,如复杂性、更换特性等;

　　C_n——回归系数。

线性回归法是广泛应用的现代预测技术,即对已有数据进行回归分析,并建立模型进行预测。在维修性预计中,它利用现有类似产品改变设计特征进行模拟。这种推断方法是一种粗略的早期预计技术,其特点是不需要多少具体的产品信息。

思考题

3-1　写出维修性参数的 4 种类型,列出各种类型中有代表性的维修性参数。

3-2　军用发动机与民用发动机的维修性参数选择的依据是什么?

3-3　航空发动机维修性指标确定的依据是什么?

3-4　建立发动机维修性模型的意义何在?

3-5　几种不同可用度模型适用的条件是什么?

3-6　维修性指标分配的目的是什么?

3-7　做维修性预计时主要考虑哪些因素的影响?

第4章 定性的维修性设计与分析

4.1 设计要求

维修性要求是在系统设计之前就必须明确和确定的。对系统维修性的基本要求通常包括维修性定性要求和维修性定量要求两个方面，它们是在一定的保障条件下规定的。维修性定性要求是满足定量指标的必要条件，而定量指标又是通过定性特点在保障条件约束下来实现的。定性要求应转化为设计准则，定量要求应明确选用的参数和确定指标。

4.1.1 维修性设计通则

恰当地提出和确定维修性定性要求，是搞好系统维修性设计的关键环节。系统维修性设计准则的参照通则包含以下几个方面：

① 尽量减少维修造成的不工作时间：
  ➤ 无维修设计；
  ➤ 标准的和经验验证有效的设计；
  ➤ 简单、可靠和耐久的设计；
  ➤ 利用最坏情况设计技术和容错设计；
  ➤ 模块化设计。

② 尽量提高维修效率：
  ➤ 故障或性能退化的预计或检测；
  ➤ 各维修级别的综合诊断技术；
  ➤ 隔离到可更换单元或可维修组件；
  ➤ 能通过更换、调节或修理予以修复。

③ 尽量减少维修费用：
  ➤ 减少维修所需的专用工具；
  ➤ 减少备件与器材的维修比率和费用；
  ➤ 减少不必要的维修；
  ➤ 降低对人员的技能要求。

④ 尽量减少维修工作复杂程度：
  ➤ 产品、设备和设施间的相容性；

> 零部件的标准化；
> 备件的互换性；
> 减少维修用工具的种类；
> 考虑可达性设计。

⑤ 尽量减少维修人员需求：
> 减少人员数量；
> 降低对人员的技能要求；
> 易于搬运和运输方便；
> 简单而有效的维修规程。

⑥ 尽量减少维修差错：
> 减少存在未检测出的故障或性能降低情况的可能性；
> 减少对维修工作的滥用、误用和疏漏；
> 减少危险、恶劣、棘手和冗长的维修内容；
> 提供明确且醒目的维修标志。

⑦ 保证维修作业安全：
> 防机械损失（防护罩、无尖锐边角、适当的稳定支撑等）；
> 防电击（充分接地、放电装置等）；
> 防核、生、化事故。

4.1.2　设计准则的制定

对系统维修性的一般要求，可在明确该系统在维修性方面的使用需求的基础上，按照国家军用标准 GJB 368B—2009 及本类系统的专用规范和有关设计手册提出。更重要的是要在详细研究和分析相似系统维修性的优缺点，特别是相似系统不满足维修性要求的设计缺陷的基础上，根据系统的特殊需要及技术发展，有重点、有针对性地提出若干必须达到的维修性定性要求。这样，既能防止相似系统维修性缺陷的重现，又能显著地提高系统的维修性。例如在某系统中，设计了高性能且结构复杂的火控系统，因此维修性要求的一个重点是电子部分要实现模块化和自动检测；针对相似系统的维修性缺陷，在机械部分有针对性地提出某些有关部件的互换性和提高标准化程度，部分主要部件应与现有系统通用，满足便于拆装修理的要求。

由此可见，为实现这几方面的设计原则，航空发动机维修性设计与分析应结合航空发动机的结构特点，研究其设计准则和要求。因此，在发动机设计阶段必须对维修性提出要求，研制期间必须确定发动机的维修性定性要求和定量要求，以此制定维修性设计准则。维修性设计准则是将发动机的维修性要求与规定的约束条件进行转换，变为实际且有效的硬件和软件设计而确定的通用或专用设计原则及标准，它应该根据发动机的维修概念和修复政策来确定。当这些准则在发动机设计中得到充分体现，使发动机具有规定的维修性特征时，才能满足发动机的定性和定量的维修性要求。

通常,可以从以下几方面考虑航空发动机的维修性设计,包括良好的可达性、结构的单元体设计、简捷性、航线可更换组件、快速换发能力、可测试性、可修复性和防错设计等,以达到方便维修的目的。从设计手段上看,可考虑使用人机工程学设计方法。根据航空发动机用途的不同,即军用、民用和其他用途,考虑维修性设计的异同点,如军用发动机还可以考虑战伤抢修的手段。

要保证维修时人和维修部件的安全。维修性所讲的安全性是指避免维修活动时人员伤亡或设备损坏的一种设计特性。它比使用时的安全更复杂、涉及的问题更多。具体说就是,不仅要求使用时安全,而且要求在储存、运输、维护、修理过程中也安全,比如,当设备处于部分分解状态且带故障的情况下作部分运转以检查排除故障时也要安全。在这种情况下工作,应保证不会受到电击、机械损伤以及有害气体、辐射等伤害,这样维修人员才能消除顾虑放心大胆地进行维修。这也是系统设计时必须考虑的问题。

减少维修内容和降低维修技能要求是维修性工程追求的又一目标。减少维修项目,降低故障率,将系统设计成不需要或很少需要预防性维修的结构,如设置自动检测、自动报警装置、改善润滑和密封装置、防止锈蚀减缓磨损等,以减少维修工作量。减少复杂的操作步骤和修理工艺要求,如尽量采用换件修理或简易的检修方法等,使维修简便,以缩减维修时间,缩短维修人员培训期限。这些都要在系统设计阶段加以考虑。这也是对系统维修性的重要要求。

双发动机延程飞行 ETOPS(Extended-range Twin-engine Operational Performance Standards)的维修要求。ETOPS 系指双发飞机在水域或在其航路上至少有一点距可用机场的距离超过飞机一台发动机不工作的巡航速度(在标准状态的静止大气中)飞行若干分钟航程的飞行。ETOPS 主要可分为 75 min、120 min 和 180 min 三种进行审批。ETOPS 允许双发动机飞机如波音 B737/B757/B767/B777/B787、空中客车 A300/A310/A320/A330/A350 做长距离飞行,尤其是穿越沙漠、海洋和极地的航线。在欧美国家,ETOPS 经常被幽默地称为"Engines Turn Or Passengers Swim"(发动机要转动,否则乘客就得游泳)。

双发飞机 ETOPS 审定、运行和维修要求,包含在 CCAR121 的"双发客机延程飞行"部分及其附录 H"ETOPS 运行和飞机合格审定要求"中,FAA 的要求包含在咨询通告 AC120 - 42A 中,JAA 要求包括在 Leaflet No.20 中。国际民航组织的要求,包含在国际民航公约附件六第 1 部分 4.7 款中,具体要求可参阅该组织文件 DOC9642 - AN941 第Ⅲ部第 1 章和第 1 章附录。

ETOPS 运行飞机的构型、维修和程序标准简称 ETOPS - CMP,它是飞机和发动机组合特定构型,适合 ETOPS 运行的最低标准。其内容包括特殊检查、硬件寿命、强制的主最低设备清单 MMEL(Master Minimum Equipment List)和维修操作等。它将帮助承运人制订 ETOPS 维修方案,也是帮助管理部门判明飞机是否可以从事 ETOPS 运行的主要文件。不过,ETOPS - CMP 仅是制造厂推荐的而没有经管理部门批准的文件。

ETOPS 维修要求,是原有飞机维修大纲的补充,其内容应满足 ETOPS 运行的标准和指令。补充的维修工作,除新加装的项目外,对原有项目,可通过对维修大纲中 MSG—3 分析列入第 6 类(明显的影响使用功能)项目的补充分析,选择更有成效的维修工作,增加维修要求。在维修工作安排上,要防止延伸航程的飞机关键系统或部件同时进行同一种维修或拆装工作。这是 ETOPS 运行维修的重要原则。

另外,对从事 ETOPS 运行的飞机,要加强可靠性管理,在可靠性方案中增加特别条款和重要事件的分析和检验程序,要有发动机滑油消耗率监视和性能趋势分析,以及纠正措施和报告程序,要进行持续监视。在使用过程中,若发动机空中停车率超过每千飞行小时 0.05(120 min ETOPS)或 0.02(180 min ETOPS)时,或者发现型号设计或营运中有重大缺陷时,主管当局将对安装该发动机的飞机承运人的延程飞行能力进行重新评审,必要时对运行实施限制,要求承运人采取必要的纠正措施等。

2007 年 2 月 15 日,美国联邦航空总署规定,只要每 10 万发动机运行小时不发生多于一次飞行中停机的事件,双发动机飞机可以飞越世界上大部分地方,但以下地方例外:南极地区、小部分的南太平洋地区和北极地区。2011 年,美国联邦航空局(FAA)批准了 GEnx—1B 发动机 330 min ETOPS,该发动机将为波音 787 飞机提供动力。GEnx—1B 发动机已完全符合 330 min ETOPS 飞行所需的所有条件,包括进行的 3 000 循环的地面耐久试验。联邦航空局的批准证明了该发动机具备飞往主要机场或备用机场执行 330 min ETOPS 飞行的可靠性。

针对 ETOPS 的发动机特殊维修项目,除常规的维修方式外,还强调了需采用发动机健康监视手段,实时进行滑油消耗监测和发动机状态监视系统。在每航班飞行前进行润滑检查,特别是对滑油消耗率进行计算与分析。针对修复性维修和更换组件后的维修差异性进行检查,确保维修的项目不会再产生新的装配和运行问题,同时避免多重维修。采取面向事件的可靠性计划,而不是传统的基于历史数据的维修措施,强调了长期趋势监视和对重复性的事件监视,采取对事件实施实时维修策略。

4.2　设计准则

针对产品的维修性设计可以用四句话描述它的意义:

明确要求,了解约束;

系统结合,并行设计;

早期考虑,避免返工;

纠正缺陷,改正措施。

通常可以从以下几方面考虑产品的维修性设计,包括可达性、简捷性、标准化、防错性、可测试性和可修复性等,以达到方便和简便维修的目的。

4.2.1 可达性

可达性是维修时接近系统不同组成单元的相对难易程度,也就是接近维修部位的难易程度。对维修部位要求看得见、够得着、操作有空间,不需要拆装其他单元或者拆装简便,容易达到维修部位,同时具有为检查、修理或更换所需要的空间就是可达性好。那些看不见或看不清,够不着,工具使不开,为了检查某个零件要费很大周折才能进行的结构,是可达性差的结构。可达性差往往耗费很多维修人力和时间。在实现了机内测试和自动检测以后,可达性差就是延长维修时间的首要因素,因此良好的可达性是维修性的首要要求。

合理的结构设计是提高产品可达性的途径。通俗地讲,为了解决维修过程中的"可达"问题,必须从以下三个方面入手:第一看得见——视觉可达;第二够得着——实体可达;第三有足够的操作空间。比如身体的某一部位或借助于工具能够接触到维修部位。合理地设置维修窗口和维修通道是解决"看得见、够得着"的重要途径。如航空发动机压气机、燃烧室、涡轮等单元体的孔探口应满足孔探仪能伸入到被探测部位。如飞机等装备常用敞开率作为可达性好坏的具体衡量指标。所谓敞开率是指装备表面可打开的舱盖和维修口盖面积占装备外表面总面积的百分比。

1. 可达性设计应考虑的因素

① 装备使用的地点、安装与环境;

② 进入该通道的频繁程度;

③ 通过该通道将完成的维修作业性质;

④ 为完成这些维修作业所需的时间;

⑤ 这些维修作业需要的工具和辅助设备的种类;

⑥ 为完成这些作业所需要的工作空间;

⑦ 维修人员可能穿着的服装;

⑧ 在通道内必须进入的深度;

⑨ 为完成该项作业,对技工的目视要求;

⑩ 在通道孔后方部件的封装情况;

⑪ 在通道孔后方部件的安装情况;

⑫ 使用通道可能产生的潜在危险;

⑬ 必须进入通道的人的肢体、工具、设备等组合起来的大小、形状、质量以及所需要的余隙。

2. 可达性设计准则

① 统筹安排、合理布局。故障率高、维修空间需求大的部件尽量安排在系统的外部或容易接近的部位。

② 为避免各部分维修时交叉作业(特别是机械、电气、液压系统维修中的互相交叉)与干扰,可用专舱、专柜或其他适宜的形式布局。

③ 尽量做到检查或维修任一部分时,不拆卸、不移动或少拆卸、少移动其他部分。

④ 产品各部分(特别是易损件和常用件)的拆装简便,拆装时零部件进出的路线最好是直线或平缓的曲线;不要使得拆下的产品拐弯或颠倒后再移出。

⑤ 产品的检查点、测试点、检查窗、润滑点、添加口及燃油、液压、气动等系统的维修点,都应布局在便于接近的位置上。

⑥ 需要维修和拆装的机件,其周围要有足够的空间,以便进行测试或拆装。如螺栓螺母的安排应留扳手的余隙。

⑦ 维修通道口或舱口的设计应使维修操作尽可能简单方便。

⑧ 维修时,一般应能看见内部的操作,其通道除了能容纳维修人员的手和臂外,还应留有适当的间隙以供观察。

⑨ 在不降低产品性能的条件下,可采用无遮盖的观察孔,需遮盖的观察孔应采用透明窗或快速开启的盖板。

4.2.2　简捷性

由于现代装备性能日益完善,其复杂程度也越来越高。但过分复杂的结构,必然会增加制造费用和维修保障费用,同时也增加了维修难度,影响了装备维修性。所以,装备的设计应在满足功能要求和使用要求的前提下,尽可能采用最简单的结构和外形。

1. 简化设计要求

简捷性是指产品的设计应当尽量简单明了,使产品的制造和维修方便易行,通过对维修人员进行一定的培训就可以从事维修工作。也就是说,不应当采用复杂、繁琐、交叉等方法进行维修任务。

简化设计的另一含义是简化使用和简化维修人员的工作,降低对使用和维修人员的技能要求。如果一项设计,尽管其结构简单,但维修困难或维修时必须使用特殊的设备、工具或需要较高技能的人员进行作业,那么,从维修性的角度看,这项设计也是一项不成熟的设计。美国陆军曾规定,新设计的装备不应要求标准的美国陆军操作人员和维修技工在使用和维修装备时超过下列条件:

① 高于九年级的阅读水平;

② 完成数学运算,即便是简单的加减;

③ 报告复杂的数据或转换数据形式,等等。

我国是一个发展中国家,高等教育尚未达到普及化程度,如果设计装备时,不考虑这些情况,只追求装备性能的实现,忽视使用、维修和保障,就会使装备发挥不出它应有的效能。甚至装备交付部队后无人会使用和维修,长期形不成战斗力。因此,更应强调在设计装备时,使新的装备不但结构简单,而且使用与维修简便。

2. 简化设计因素

简化设计要考虑的因素有:

① 结构件拆装方便简单易行;

② 尽量少用维修工具的种类和数量;

③ 不宜要求维修人员文化程度过高;

④ 维修人员经过简单培训即可上岗;

⑤ 避免多人交叉作业。

3. 简化设计原则

简化设计的基本原则如下:

(1) 尽可能简化产品功能

装备的功能多样化是导致结构与操作复杂化的根源。因此,应在满足使用需求的前提下,去掉不必要的功能。特别是在一些操作的自动与手动之间进行综合权衡,避免因为效益不大的自动化,导致结构与维修的复杂化。

(2) 合并产品功能

把产品中相同或相似的功能结合在一起执行。比如,把执行相似功能的硬件适当地集中在一起,以便使用和维修人员"一次办几件事",再就是把几种功能结合在一个产品上或集中控制,实现"一物多用"。

(3) 尽量减少零部件的品种和数量

进行产品设计时,用较多的零部件满足某一功能要求往往比用较少的零部件更容易些。所以初步设计常常是复杂的,而简化这种设计需要花费人力、物力和时间。但简化设计可以给生产和维修保障带来效益,而更重要的是提高了装备效能。

航空发动机采用先进技术,在设计中尽量使结构简单,减少零件数目。例如,普惠公司在20世纪80年代后期投入使用的 PW4000 系列发动机,与1982年投入使用的 JT9D—7R4 发动机相比,外廓尺寸和推力级基本相当,投入使用的时间仅相距 4~5 年,但零件总数却减少了 50%。表 4-1 列出了几种大型涡扇发动机(发动机推力基本相近)零件数目的比较。

表 4-1 几种大型涡扇发动机零件数目(大约数)

发动机	JT9D—7R4	PW4000	CF6—50E2	CF6—80C2	RB211—524
零件数	50 000	25 000	38 000	31 000	18 000

4.2.3 标准化

标准化是近代产品的设计特点。从简化维修的角度,要求尽量采用国际标准、国家标准或专业标准的硬件(传感器、零部件等)和软件(技术要求和程序等),减少传感器和零部件的种类、型号和式样。实现标准化有利于设计与制造,有利于零部件的供应、储备和调剂,使维修更为便利,特别是便于军用装备在战场快速抢修中采用换件和拆拼修理。

互换性是指同种产品之间在实体上(几何形状、尺寸)、功能上能够彼此互相替换的性能。当两个产品在实体上、功能上相同,能用一个去代替另一个而无须改变产品或母体的性能时,则称该产品具有完全互换性;如果两个产品仅具有相同的功能,那就称为具有功能互换性的产品。互换性可简化维修作业和节约备品费用,提高产品的维修性。

通用化是指同类型或不同类型的产品中,部分零部组件和装置相同,彼此可以通用。通用化的实质,就是零部组件和装置在不同产品上的互换。

模件化设计是实现部件互换通用、快速更换修理的有效途径。模件(块)是指能从产品中单独分离出来,具有相对独立功能的结构整体。例如航空发动机结构采用单元体设计属于模件化设计,可按功能划分为若干个各自能完成某项功能的模件,如出现故障时则能单独显示故障部件,更换有故障的模件后即可开机使用。

标准化、互换性、通用化和模块化设计,不仅有利于系统设计和生产,而且也使系统维修简便,能显著减少维修备件的品种、数量,简化保障,降低对维修人员技术水平的要求,大大缩短维修工时。所以,它们也是系统维修性的重要要求。例如美军 M1 坦克由于统一了接头、紧固件的规格等,使维修工具由 M60 坦克的 201 件减为 79 件,大大减轻了后勤负担,同时也有利于维修的机动性。

有关标准化、互换性、通用化和模件化设计的准则如下:

(1) 优先选用标准件

设计产品时应优先选用标准化的设备、工具、元器件和零部件,并尽量减少其品种和规格。

(2) 提高互换性和通用化程度

① 在不同产品中最大限度地采用通用的零部件,并尽量减少其品种。军用装备的零部件及其附件、工具应尽量选用能满足使用要求的民用产品。

② 设计产品时,必须使故障率高、容易损坏、关键性的零部件具有良好的互换性和必要的通用性。

③ 具有安装互换性的项目,必须具有功能的互换性。当需要互换的项目仅具有功能互换性时,可采用连接装置来解决安装互换性。

④ 不同工厂生产的相同型号的成品件、附件必须具有安装和功能的互换性。

⑤ 产品上功能相同且对称安装的部、组、零件,应尽量设计成可以互换通用的。

⑥ 修改零、部件设计时,不要任意更改安装的结构要素,以免破坏互换性而造成整个产品或系统不能配套。

⑦ 当产品须做某些更改或改进时,要尽量做到新老产品之间能够互换使用。

(3) 尽量采用模件化设计

① 产品应按照功能设计成若干个能够完全互换的模件(或模块),其数量应根据实际需要而定。需要在战地或现场更换的部件更应重视模件化,以提高维修效率。

② 模件从产品上卸下来以后,应便于单独进行测试。模件在更换后一般应无须进行调整;若必须调整时,应能单独进行。

③ 成本低的器件可制成弃件式的模件并加标志。应明确规定弃件式模件判明报废所用的测量方法和报废标准。其内部各件的预期寿命应设计得大致相等。

航空发动机采用的单元体结构的大小与质量一般应便于拆装、携带或搬运。质量超过5 kg不便握持的模件,应设有人力搬运的把手。必须用机械提升的模件,应设有便于装卸的吊孔或吊环。

4.2.4　防错性

产品在维修中常常会发生漏装、错装或其他操作差错,轻则延误时间,影响使用,重则危及安全。因产品存在发生维修差错的可能性而造成的重大事故者屡见不鲜。如某型飞机的燃油箱加油盖,由于其结构存在着发生油滤未放平、卡圈未装好、口盖未拧紧等维修差错的可能性,曾发生过数起机毁人亡的严重事故。因此,要防止维修差错就要从结构上采取措施消除发生差错的可能性。也就是说,在结构上只允许装对了才能装得上,装错了或是装反了,就装不上。

采取识别标记,就是在维修的零部件、备品、专用工具、测试器材等上面做出识别记号,以便于区别辨认,防止混乱,避免因差错而发生事故,同时也可以提高工效。

维修中的防差错作用很大。如果系统设计时,没有防差错措施和识别标记,对那些外形相似、大小相近的零部件,维修时常发生装错、装反或漏装等差错,在采购、储存、保管、请领、发放中也常常搞错,那么轻者重购、重领、返工而拖延维修及管理时间,重者会发生严重事故,甚至人员伤亡及设备损坏。设计人员不能强调操作手和维修人员应有责任心而疏忽设计,而必须在设计上采取措施,确保不出差错。所以它也是系统维修性的重要要求。

容易发生的维修缺陷有:组件安装不正确、错装部件、电线布线不符合规定、将物件或工具遗失在发动机中、润滑不够、整流罩和检查口盖未紧固等现象。

防差错设计可考虑的因素有:疏忽、不正确安装、错误部件、漏装、错装或其他人为操作差错。

防止差错和设立识别标志的设计准则如下:

① 产品上与其他有关设备连接的接头、插头和检测点均应标明名称或用途及必要的数据等。

② 需要进行保养的部位应设置永久性标记,必要时应设置标牌。例如,注油嘴、孔应用与底色不同的红色或灰色显示。

③ 对可能发生操作差错的装置应有操作顺序号码等标记。

④ 对间隙较小、周围设备或机件较多且安装定位困难的组合件、零部件等应有安装位置的标记(如刻线、箭头等)。

⑤ 标记应根据产品的特点、使用维修的需要,按照有关标准的规定以文字、数据、颜色、形象图案、符号或数码等表示。标记在产品使用、存放和运输条件下都必须经久保存。

⑥ 标记的大小和位置要适当,鲜明醒目,容易看到和辨认。

⑦ 设计产品时,外形相近而功能不同的零件、重要连接部件和安装时容易发生差错的零部件,应从结构上加以区别或有明显的识别标记。例如,只允许一个方向插入的插头或元器件,可采取加定位销,使各插脚粗细不一或不对称等办法,防止插错。

4.2.5　可测试性

测试性是系统便于确定其状态并检测、诊断故障的一种设计特性。对系统的检测、诊断是否准确、快速、简便,对维修性有重大影响。特别是电子系统,在其维修期间故障检测、隔离所用的时间通常占 $60\% \sim 90\%$。一旦把故障部位检查出来,通常更换机件可排除故障。因此,检测设备和检测方式的选择以及检测点的配置都是维修性应考虑的重要问题。

产品检测诊断是否准确、快速、简便,对维修有重大影响。因此,在产品的研制初期就应考虑其诊断问题,包括检测方式、检测设备、测试点配置等一系列的问题,并与产品同步研制或选配、试验与评定。

可测试性包括以下主要方面:

① 动力装置应设有机载的、地面的诊断与监视设备,通过这些设备收集有效的信息,以监测发动机的健康状态,并为诊断提供技术依据;

② 发动机上应尽可能地使用无损探伤技术和多功能的测试、探伤技术与设备;

③ 测试接头、传感器安装座及探测部位应可达,并能方便地安装和拆卸测量管路、传感器等;

④ 动力装置内应有机内自测试装置或系统,它应具有故障检测、隔离、记录功能,并能根据需要显示故障信息。

4.2.6　可修复性

可修复性是当零部件磨损、变形、耗损或其他形式失效后,可以对原件进行修复,使之恢复原有功能的特性。实践证明,贵重件的修复,不仅可节省修理费用,而且对发挥产品的功能有着重要的作用。

为便于贵重件的修复,考虑下列原则:

① 产品应尽量设计成能够通过简便、可靠的调整装置消除因磨损等原因引起的常见故障。

② 对容易发生局部耗损的贵重件,应设计成可拆卸的组合件,例如将易损部位制成衬套、

衬板，以便于局部修复或更换。

③ 需加工修复的零件，应设计成能保证其工艺基准不至在工作中磨损或损坏。必要时可设计专门的修复基准。

④ 采用热加工修复的零件应具有足够的刚度，防止修复时变形。需焊接及堆焊修复的零件，其所用材料应具有良好的可焊性。

⑤ 对需要原件修复的零件尽量选用易于修理并满足供应的材料。若采用新材料或新工艺时，应充分考虑零部件的可修复性。

4.2.7 战场抢修

战场抢修是指战场损伤的装备，在评估损伤的基础上运用应急修理措施使之迅速恢复一定程度的可执行任务能力的维修活动。国外称为战场评估与修复 BDAR(Battlefield Damage Assessment and Repair)。

武器装备效能的发挥主要表现在战场上。在战场环境中，这些装备一旦发生故障或损坏，必然会丧失或降低作战能力。为此，需采取必要的措施，即通过战场抢修尽快将其恢复到作战所需的必要功能状态。战场抢修较平时维修有较大的区别，主要表现在：

① 时间紧迫。战场抢修主要是指"靠前抢修"。研究表明，陆军连、营防区的装备在损伤后 2~6 h 内得不到恢复，则会极大的削弱其战斗力。由于装备战损数量多、损伤严重，允许修理时间短，战场抢修较平时修理困难。

② 环境恶劣。战时环境中维修人员的心理压力比较大，维修中容易产生差错，如果没有平时严格训练，很难完成战场抢修任务。

③ 允许恢复状态的多样性。平时维修工作的目标是保持和恢复装备的规定状态，满足其战备要求。而战场抢修的目标是以最短的时间恢复基本功能，满足作战要求。因此，战场抢修允许将装备恢复到能够完成全部作战任务或能战斗应急或能够自救等某一状态。

④ 战场抢修方法的灵活性。战场抢修可以采用一些临时性的修理方法，比如粘接、捆绑、焊接、拆拼修理等。

提高战场抢修能力除了进行战时维修保障的有效组织指挥外，最根本的解决办法就是赋予装备良好的便于战场抢修的特性。美军在 20 世纪 80 年代中后期首先提出这一特性，称为"战斗恢复力"(combat resilience)，并要求工程界研究，在研制过程中实现"战斗恢复力"的要求。

"战斗恢复力"与维修性在设计要求上有许多共同之处，比如：可达性、标准化与互换性、防差错措施、人机工程等要求。但"战斗恢复力"更侧重于战时便于应急抢修的设计要求。这些设计特征可以归纳为以下几点：

① 允许取消或推迟预防性维修的设计措施。在紧急的作战环境中，应取消或推迟平时的计划性(或预防性)维修工作，这项措施对设计提出了特定要求。首先，若取消计划性维修工

作,不应出现安全性故障后果;其次,推迟到什么程度,应在设计中予以说明。比如,通过设计报警器、指示标尺等途径,告诉操作人员在什么程度下装备仍可安全使用;另外,采用并联(或多重)结构,提高可靠性等。

② 便于人工替代。大型零部件在拆装时除了使用吊车或起重设备外,在设计上还允许使用人力和绳索等措施。对于自动控制的装备,应考虑自动装置失灵时,人工操作的可能性。

③ 便于截断、切换或跨接。这种措施集中体现在电气、电子、燃油和液压系统中,设计应考虑战斗损伤后可以临时截断(舍弃)、切换或跨接通路,使当时执行任务必需的局部功能能够继续下去。

④ 便于置代。置代不是互换,是为了战时修理的需要,用本来不能互换的产品去暂时替换损坏的产品,以便使装备恢复主要作战能力。比如:用较小功率的发动机代替大功率发动机工作,可能会导致运行的速度和载重量下降,但起码还能应急使用。为了实现置代,这两种发动机的支座和外部接头应是一样的。

⑤ 便于临时配用。用粘接、矫正、捆绑等办法或利用在现场临时找到的物品来代替损坏的产品,使装备功能维持下去。为此,设计时应在满足功能要求的前提下放宽配合公差,降低定位精度,以适应这种抢修方法。

⑥ 应把非关键件安排在关键件的外部,以保护关键件不被碎片击中。

4.3　设计措施与案例

在现代军用和民用发动机研制中,特别重视维修性设计,使它在使用中易于维修,能较好地保持飞机的可用性。通过对航空发动机的维修性设计进行归纳与分析,总结出航空发动机的主要维修性设计特点以及采取的措施。其主要特点是采取了结构单元体设计、航线可更换组件、快速换发能力、可修复性、可运输性等设计措施,体现了结构的维修性设计准则。

4.3.1　良好的可达性

可达性是为检查、修理、更换或保养而接近飞机发动机上的相应部位的难易程度,这是人机工程、人机界面关系的重要标志之一。良好的可达性是指工作人员的手或工具能直接或在打开工作窗或短舱罩后能方便、无阻碍地在发动机上进行维修操作。应该可达的部位有各个孔探仪安装座孔,各外场可换组件,以及燃油、滑油油滤、磁性堵头、滑油箱加油口等。例如《航空发动机适航规定》(CCAR - 33R2)中的 33.67 条规定:每个燃油滤或滤网都必须便于清洗,并须采用易于拆卸的网件或滤芯。

通常为实现良好的可达性,应采取如下措施:

① 发动机的布局应易于接近所有的部件,易于进行维修以及进行常规检查;需进行日常维修或调整的部位例如滑油滤、燃油滤、滑油加油口、燃油调节器等应做到打开发动机短舱或

检查口盖后,工具或手可以直接接近,并能进行必要的操作。

② 在进行维修时,应给维修人员提供必要的维修空间。

③ 在可拆卸的管路接口处,要有防液体溢出的措施。

④ 管路、电缆线、信号线铺设时,要与机匣间、管路相互间、管路与线路间留有足够间隙。

⑤ 接头、开关应尽可能布置于可达性较好的位置上,常需拆卸的接头、开关应在发动机短舱罩上设置专用的口盖。

⑥ 设计时应遵循:单人搬动的机件质量不超过 16 kg,两人搬动的机件质量不超过 32 kg,质量超过 32 kg 的设备、机件,应采取相应的起吊措施。

⑦ 进行维修性设计时,要考虑外场维修人员的操作水平,维修工作一般应保证具有中等以上航空技术相关专业学历文化水平的人员经过培训后就可以完成。

为使维修人员对经常须做保养工作的附件情况有所了解,目前采用直接可见的指示器。如在油滤上安装堵塞指示器,滑油箱采用明显的表示需加油或不需加油的指示标志等。另外,还需对经常拆装的部位采取防错措施。所有这些,不仅可以简化维修工作,而且也可防止操作失误带来的恶性后果。据统计,战斗机的开敞率一般在 30%～40%;美军 F—16 飞机的开敞率高达 60%,仅检查窗口盖就有 156 处。检查窗口盖多,给维修工作提供了方便,极大地提高了维修效率,缩短了维修时间。

良好的可达性设计方便了维修人员进行日常的维护操作,例如 GE90 发动机在风扇短舱左侧维修窗口处有加油口,只需将小窗口盖打开后即可加注滑油。

以下是航空发动机结构上体现维修性设计原则的可达性设计案例。

1. 磁堵及其快卸自锁装置

滑油系统通过油泵经油滤把滑油输送到轴承、齿轮等传动件和转动件以达到润滑和冷却等目的。循环的滑油会把磨损的屑末经管路进行传输,到达磁性金属探测器(俗称磁堵)把屑末收集,地面维护时取出磁堵对屑末进行分析,如图 4-1 所示。

CFM56 的磁性金属探测器装于回油路中,采用高可靠性的快卸自锁装置,装拆时不需要专用工具,也不需要锁丝,如图 4-2 所示。

2. 发动机的快速可达

民用航空发动机一般采用翼吊、侧吊和尾吊等安装形式,波音公司和空中客车公司的飞机发动机基本采用翼吊,原麦道公司的飞机则多采用侧吊和尾吊。对于翼吊的发动机,最好将需进行检查、维修的管线、附件装在发动机下部,当打开短舱罩后,维修人员能较容易地接近维修部位,在波音 B777 客机上的短舱罩采用动力式的开启装置,而且对需进行维修之处,采取强制冷却的措施,以便在飞机着陆发动机停车后,即可对发动机进行维修,以缩短维修时间,如图 4-3 所示。

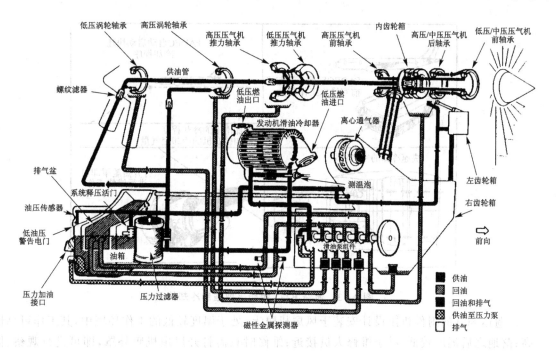

图 4-1　滑油系统示意图

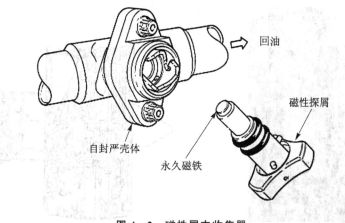

图 4-2　磁性屑末收集器

对于装机两侧的侧吊发动机,应将需进行检查、维修的管线、LRU、滑油加油口及观测标尺等装在发动机外侧,如图 4-4 所示。当打开短舱罩后,维修人员能较容易地观测及接近维修部位,以缩短维修时间。在外场维修时需进行拆装的紧固件不允许用保险丝、开口销,由于采用 B 型螺母,拧螺母时可不采用限扭扳手。

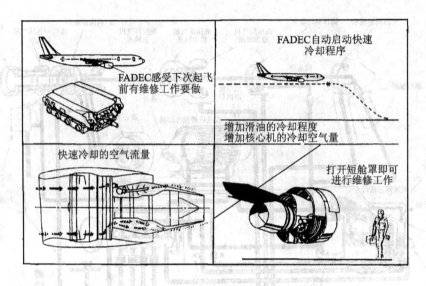

图 4-3　波音 B777 短舱采取强制冷却措施

遄达 800 的附件机匣设计安装于风扇机匣上,处于温度较低的工作环境中,其工作可靠性高;落地之后温度较低,易于维修人员接近;维修时只需打开风扇机匣外罩,即可进行观察、修复、更换,如图 4-5 所示。

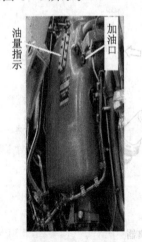

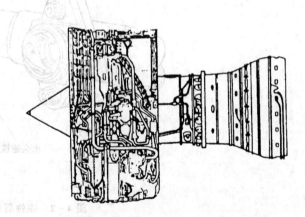

图 4-4　滑油箱加油口及观测标尺　　　图 4-5　遄达 800 的附件机匣安装于风扇机匣上

3. 操作空间的可达

F414 发动机的设计中,为实现发动机在飞机上更换加力燃烧室的可达性要求,在计算机辅助设计的发动机剖面图中放入二维人体模型,可以判断维修时能达到的距离和视线,以及人体对空间的要求,如图 4 - 6 所示。

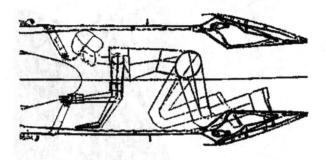

图 4 - 6　计算机模拟 F414 的火焰稳定器的更换

同时,采用了人机工程学设计的方法评估了发动机在飞机上更换火焰稳定器的可达性。

4. 风扇静子单元体拆卸

GE90 的风扇静子单元体中,毂架外径和出口导向叶片内径间的距离为 6.35 mm,给维修人员留下了操作空间;靠扇形安装边来获得此距离,不需要定位,如图 4 - 7 所示。

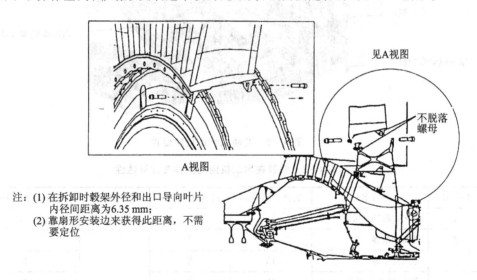

图 4 - 7　GE90 的风扇静子单元体

该设计当中,为维修人员提供操作空间,且自动进行定位,满足了可达性设计准则及人机工程设计要求。

RB211—524G/H 发动机快速更换组件,如图 4 - 8 所示。

安装在风扇机匣的附件更换可达性量化值如表 4 - 2 所列。

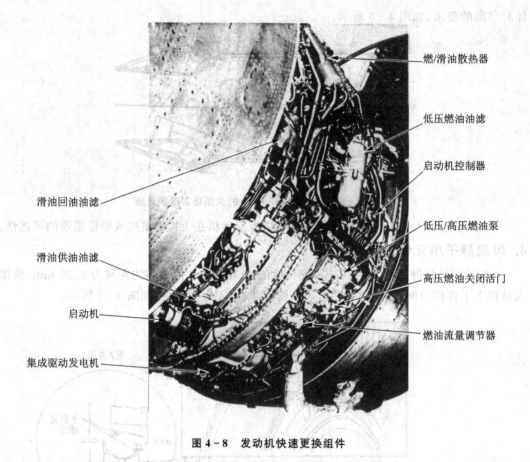

图4-8 发动机快速更换组件

（图中标注）
- 燃/滑油散热器
- 低压燃油油滤
- 启动机控制器
- 低压/高压燃油泵
- 高压燃油关闭活门
- 燃油流量调节器
- 滑油回油油滤
- 滑油供油油滤
- 启动机
- 集成驱动发电机

表4-2 安装在风扇机匣的附件良好可达性

序　号	组件名称	更换时间/min	可达时间/min	测试要求	测试时间/min
1	数字式燃油调节器	30	2	慢车	10
2	燃油计量器	30	2		5
3	专用发生器	15	2		5
4	高压/低压燃油泵	45	2		5
5	燃油/滑油散热器	30	2	功能检查/泄露检查	10
6	集成电动机/发电机	30	2		5
7	启动机	30	2		3
8	火花塞	4	7		—
9	高压空气关闭活门	30	10		—

续表 4－2

序　号	组件名称	更换时间/min	可达时间/min	测试要求	测试时间/min
10	高压放气活门	30	15	功能检查/	3
11	反推气动电机	45	20	泄露检查	—
12	VIGV 调节器	60	2	高功率	22

4.3.2　结构单元体化

结构单元体化是目前各种军用、民用发动机普遍采用的设计原则,为方便维修,将一台发动机分为几个大单元体,大单元体又分为一些小单元体,各单元体均有严格的性能与平衡要求,不仅具有安装尺寸的可互换性,使单元体间易于拆装,而且在性能上也具有可互换性,即在更换某一单元体后,对发动机性能不会有影响。

1. 设计要求

国外民用发动机几乎无一例外地采用了单元体设计,其设计目标如下:

① 以最小的工作量来快速更换单元体;

② 热端部位可达;

③ 垂直和水平装配分解;

④ 发动机可分离运输;

⑤ 压气机和涡轮能单独平衡。

在发动机单元体设计中,从维修性角度考虑,有如下要求:

① 严格各单元体的性能要求,保证性能互换。

② 各单元体的转子进行严格的预调平衡,更换单元体时,无需另外再进行平衡。

③ 尽可能保证一个单元体内各零组件的寿命接近。

④ 每个单元体应有独立的定位基准,保证单元体内转子与静子之间有正确的相对位置,在更换单元体时不应采用调节垫片来调整相对位置。

⑤ 单元体间连接界面可达性要好,连接形式尽可能简单,尽量采用自锁螺母。连接用螺栓的头部及自锁螺母头部采用对角尺寸较小的十二边形,以减少扳手尺寸,方便维修。

遄达发动机在风扇机匣安装附件系统中,可实现对附件维修的快速可达,燃气发生器可作为单件进行更换,实现更换快速、不需要安装边(flange)的分离、多途径的输运。通过航线维修表明,缩短了附件更换的一半时间,节省了附件安装在核心机机匣外部需要的 1 h 冷却等待时间。

在发动机设计中应使发动机具有能在外场对在翼发动机进行方便维护的能力。以下是部分航空发动机结构设计上体现结构单元体设计原则的设计案例。

2. 单元体结构

CFM56—3 发动机采用了单元体结构设计。它共分为 4 个主单元体,即风扇、核心机、低压涡轮和附件传动装置,如图 4-9 所示。

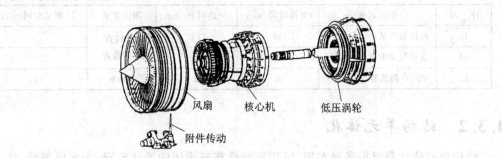

图 4-9　CFM56 系列发动机分成 4 个主单元体

表 4-3 列出了 CFM56—3 发动机主单元体分解和安装所需的工时。

表 4-3　CFM56—3 主单元体更换所需工时

主单元体	分解工时/(人·时)	安装工时/(人·时)	人　数
风扇	26.9	40.4	2
核心机	20.2	30.4	2
低压涡轮	10.8	21.0	2

　　发动机采用单元体结构设计后,可减少备用发动机数;各单元体因各自的工作条件不同而具有不同的寿命,并得以充分地利用;更换快则对保证航班有利;便于进行空运,在装运时比运整台发动机方便,因而可以加快在紧急订货时的运送速度,以缩短飞机因换件的停场时间。所有这些,既可改善维修工作,又可使航空公司在保证航班正常及节省费用上获益不少。

　　CFM56 系列发动机的 4 个主单元体又可分解为 17 个维修单元体,如图 4-10 所示。

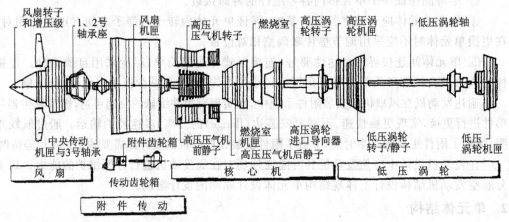

图 4-10　CFM56 系列发动机 4 个主单元体又分为 17 个维修单元体

表 4-4 列出了 CFM56—3 发动机 17 个维修单元体的划分及分解、安装所需的工时。

表 4-4 CFM56—3 维修单元体更换所需工时

主单元体	维修单元体	分解工时/(人·时)	安装工时/(人·时)	人 数
风扇	风扇转子和增压级	5.8	7.2	2
	1、2 号轴承座	12.3	18.7	2
	中央传动机匣与 3 号轴承	15.0	22.5	2
	风扇机匣	39.5	53.7	2
核心机	高压压气机转子	36.3	78.7	2
	高压压气机前静子	29.5	56.5	2
	高压压气机后静子	33.5	75.2	2
	燃烧室机匣	37.0	80.0	2
	燃烧室	18.8	31.5	2
	高压涡轮进口导向器	16.0	29.2	2
	高压涡轮转子	14.0	26.7	2
	高压涡轮机匣	12.5	24.3	2
低压涡轮	低压涡轮转子/静子	15.0	22.5	2
	低压涡轮轴	14.3	21.7	2
	低压涡轮机匣	15.0	22.5	2
附件传动	传动齿轮箱	3.5	5.5	2
	附件齿轮箱	3.3	6.8	2

图 4-11 所示为 RB211、遄达发动机的单元体结构。遄达发动机包括风扇转子、风扇机匣、中压压气机、中介机匣、高压核心机、中压/低压涡轮和附件传动 7 个主单元体。而其他型号的双转子发动机通常将单元体分为风扇、核心机、低压涡轮、附件传动 4 个单元体。

各转子单元体仅进行预调平衡,更换单元体后,无需另外再进行整机平衡。RB211—535E4 发动机进行这 7 个单元体更换所需的时间与试车要求列在了表 4-5 中。

表 4-5 RB211—535E4 发动机的单元体更换

单元体名称	更换总工时/(人·时)	经过时间/h	试车要求
风扇转子	18	6	20 min,最大到 1.4EPR
中压压气机	40	15	1 h,达到起飞推力
中介机匣	160	40	45 min,最大到 1.4EPR

单元体名称	更换总工时/(人·时)	经过时间/h	试车要求
高压核心机	94	30	1 h,达到起飞推力
中压/低压涡轮	72	19	35 min,达到起飞推力
附件传动	31	7	5 min,慢车
风扇机匣	160	40	无

注:1 EPR 是表征发动机推力的发动机压力比,即发动机出口处气体压力与发动机进口处气体压力之比。此处
　　1.4EPR 相当于 155 000 N 推力,即在海平面标准大气压下的发动机推力。
　　2 如果所更换的单元体经过实质性修复工作,则另外需要 1 h 的试车。
　　3 更换总工时中包括了发动机的搬运时间和为获得可达性而对邻近部件进行工作的时间。

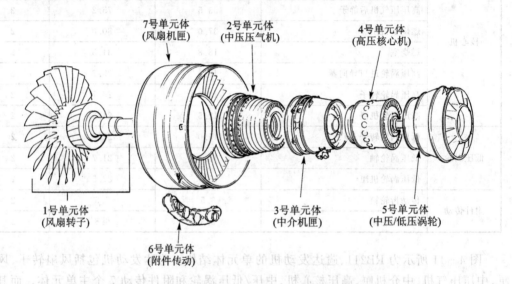

图 4 - 11　RB211 和遄达 800 发动机的单元体结构设计图

单元体结构设计减少了维修工时,减少了单元体更换后地面试车时间,提高了在维修基地的工作灵活性。

3. 采用圆弧端齿联轴器

罗罗公司的 RB211 和 RB199 发动机,压气机转子和涡轮转子连接处采用比较容易装拆的圆弧端齿联轴器,使单元体拆装比较容易实现,因而发动机可在飞机上直接进行单元体的更换。如图 4 - 12 所示,其高压转子采用圆弧端齿联轴器,高压涡轮轴前端的圆弧端齿与高压压气机后轴的圆弧端齿相啮合,然后用带自锁螺母的螺栓将两者固定。

圆弧端齿联轴器采用相互啮合的两齿:一个齿面做成凸面的,另一个齿面做成凹面,啮合的齿面做成圆弧形,如图 4 - 13 所示。其齿面是由专门的格里森齿轮磨床磨出的。

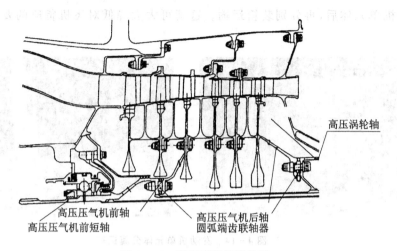

图 4 - 12 高压压气机结构图

圆弧端齿联轴器具有传递扭矩大,能实现自动定心,特别是在高温下的热定心,拆装容易,便于拆换单元体。它的另一个作用是便于装卸滚珠轴承,将滚珠轴承装在单独的短轴上,短轴再用圆弧端齿联轴器与主轴连接。在分解发动机时,只要将圆弧端齿联轴器的螺栓拧下,压气机或涡轮转子即与滚珠轴承脱离,压气机或涡轮转子可由机匣中取出。而装在短轴上的滚珠轴承与短轴留在机匣中,最后再将装滚珠轴承的轴承座从机匣上卸下,使滚珠轴承的装拆变得容易。RB199 发动机的 3 个转子中,每个转子均有 1 个滚珠轴承,因此共有 3 个圆弧端齿联轴器。再加上高压压气机和高压涡轮转子间的

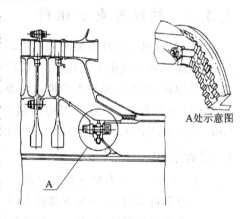

图 4 - 13 圆弧端齿联轴器

联轴器,共采用了 4 个圆弧端齿联轴器。当更换了某一单元体后,发动机转子无需再进行平衡,且只需进行较短时间的开车试验,这样可以大大缩短维修时间。

没有采用圆弧端齿联轴器的发动机,一般不能在飞机上进行单元体更换,需将发动机由飞机上拆下,送入维修车间进行核心机单元体更换。

4. 发动机分离运输

对于 CF6—80C2 高涵道比涡轮风扇发动机,在公路、船运和铁路运输中,运输整台发动机或部件不存在问题。但在空运时,虽然发动机的质量不会超出飞机载重量的限制,但由于受飞机货舱门的限制,直径较大的发动机空运时就会出现可运输性麻烦。因此,在发动机设计时,应该考虑如何将发动机拆开运输的问题。由于采用单元体结构,可将发动机分解为风扇单元

体和核心机单元体后,再分别装箱运输。这就可大大降低对飞机货舱的要求,如图 4 – 14
所示。

图 4 – 14　发动机单元体分离运输

4.3.3　航线可更换组件

航空发动机的工作寿命越来越长,但是某些零组件和附件,或由于易受外物打击而提前损
坏(如风扇叶片),或由于老化(如橡胶件)或磨损(如石墨密封件),或由于经常拆装而损坏(如
油滤)等原因,常在发动机寿命期内需要定期或不定期地更换。这些零、组、附件应设计成可在
飞机上即原位拆装的"航线可更换组件"。所谓的航线可更换组件 LRU(Line Replaceable
Unit)是指在飞机上即可进行原位拆装的零部件或附件,或称外场可更换组件。

1. 设计要求

对于 LRU 一般有如下设计要求:

① 原位拆装时,不应拆下其他 LRU 和零组件;

② 不应采用保险丝、垫片、卡圈等零件,避免拆装时它们掉入发动机内部,应采用自锁
螺母;

③ 风扇叶片应标注其质量矩,以便更换;

④ 在换装风扇叶片后,应能采用原位整机平衡技术对低压转子进行动平衡微调;

⑤ 不应采用专用工具拆装 LRU,尽量减少紧固件与接头数目;

⑥ 附件传动齿轮箱尽可能采用插入式结构;

⑦ LRU 质量不能太大,一般应限制在 10 kg 左右,以便只需 1 人就能进行拆装与搬运。

2. 缩短 LRU 更换时间

航线可更换组件都有时间指标的限制。通常打开短舱罩即可对 LRU 进行更换,短舱罩
如图 4 – 15 所示。

如 V2500 发动机规定在 15 min 内更换的组件有:油滤、传感器、热电偶等;在 30 min 内可

更换的组件有启动机、电机、液压泵、滑油泵、部分传感器；1 h 内可更换的组件有：燃油泵、散热器、可调叶片机构、放气机构、主动间隙控制机构及其他活门等。对主要部件也规定了更换时间，如风扇单元体为 4 人·时，风扇叶片为 1 人·时，齿轮机匣为 6 人·时，反推力"C"形罩为 2 人·时。

在发动机设计中确定 LRU 种类，考虑外场拆换方便并采取相应的设计措施，以便在外场拆换 LRU 时，在不需拆除其相邻的零、组件的情况下能方便的拆换。目前，各种发动机（包括军用发动机）均列有 LRU 清

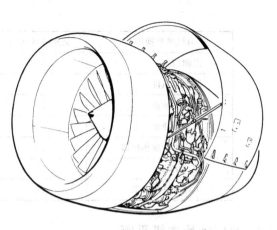

图 4 - 15　短舱 C 形罩

单，清单中列出了 LRU 品名、拆装时间和后续工作等。早期的发动机 LRU 较少，如 RB211—22B 在 1972 年初投入营运时仅有 14 件，而后发展的发动机普遍有较多的 LRU，例如 RB211—535E4 在 1985 年投入营运时有 20 件，V2500 在 1989 年投入营运时有 39 件。表 4 - 6 列出了 CFM56—3 发动机的 LRU 更换时间。

表 4 - 6　CFM56—3 发动机的 LRU 更换时间

航线可更换组件	更换时间/min	航线可更换组件	更换时间/min
风扇叶片：		启动器	15
第一对	22	启动器阀	10
以后各对	2	燃油回流阀	30
消音衬垫：		燃油液压装置	70
前(1块)	5	点火器(每个)	15
中(1块)	35	电嘴	15
后(1块)	15	FADEC	15
出口导向叶片	7	风扇转速传感器	15
发动机控制装置	60	可调静叶作动筒	65
燃油泵	140	可调放气活门液压装置	40
燃油滤	10	可调放气活门(每个)	35
T25 传感器	25	可调放气活门反馈传感器	15
燃油喷嘴(每个)	15	齿轮箱安装座密封垫圈	30
伺服燃油加热器	40	转子主动间隙控制阀	30
主热交换器	60	点火器导线(每个)	40

续表 4 - 6

航线可更换组件	更换时间/min	航线可更换组件	更换时间/min
滑油箱	60	可调放气活门柔性轴(个)	15
滑油泵组件	40	发动机排气温度附件系统	60
滑油供油滤	10	进气锥	20
滑油回油滤	10	T12 传感器	10
核心机转速传感器	10	低压涡轮主动间隙控制活门	40
燃油供油门	25	高压涡轮主动间隙控制活门	50
主球螺杆作动器	45	TCC 温度测量器	5

3. 风扇叶片本机平衡

风扇叶片是最易被外物击伤的零件,因而在所有发动机中,均将它列为 LRU,需在外场原位(即在飞机上)拆换,这时需解决两个问题:平衡与拆装。从平衡角度考虑,风扇叶片需成对更换,即某一叶片损坏需要更换时,其对称位置处的叶片也要拆下,按基本相同质量矩的叶片成对地换上。例如 CFM56 发动机,成对分组备份叶片的质量矩差值限制在 400 g·cm 之内。当没有成对和备份叶片时,如果备份叶片和被拆叶片的质量矩差值不超过 800 g·cm 时,单片叶片也可更换。

CF6—80C2 在外场能检查、修理和单个地按质量矩更换风扇叶片和导流叶片,换装风扇叶片后,用本机平衡术即可对风扇转子进行平衡调整,如图 4 - 16 所示。

早期,当成对更换风扇叶片后,一般无需进行平衡。目前,已发展了两种原位整机平衡技术,因此,在某些新发动机上,当拆换风扇叶片后,还要发动机在飞机上进行一次低压转子的微调动平衡,利用不同质量的平衡螺钉进行平衡。在 B777 上,利用机载中央维修计算机系统 CMCS(Center Maintenance Computer System) 对风扇转子进行微调动平衡,此时,发动机不需开车,计算机根据以往几次(由操作人员指定)运转数据,直接指出需安装的平衡螺钉的位置和质量,以及平衡后的发动机振动值。

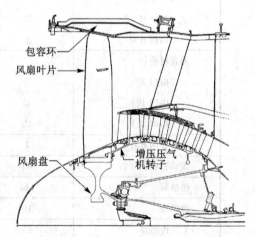

包容环
风扇叶片
增压压气机转子
风扇盘

图 4 - 16 CF6—80C2 发动机风扇部件

中央维修计算机系统能对飞机的大部分系统(含发动机)的维修数据进行收集、分析、储存、显示、传递,并监视各系统的性能试验等,是维修人员维修飞机的主要工具,它大大地提高了维修工作的效率,提高各系统的可靠性。

在驾驶舱右侧操纵台上装有维修接口终端显示器与鼠标控制器,另外还有手提式维修接口终端装置(包括显示器、鼠标控制器、键盘等),能在飞机内、外三个地方的任一地方插接后使用。该系统采用了菜单查询方式及鼠标控制,运用非常方便且易于掌握。它能提供使用中出现的各种异常现象以及需进行维修工作的建议等,包括每次飞行中的信息,以往历次飞行中的总信息。所提供的故障信息,配合专门编制的故障隔离手册,能分析出发生故障的部位与原因,并提供排除的措施等。另外,此系统还能对飞机各系统中的 LRU 在拆换后进行试验,包括提出试验要求、试验内容、试验程序、试验结果,以及试验中出现的故障与排故的建议等。在发动机或单元体返厂修理时,该系统还能提供翻修的具体建议。当需要了解飞机各系统的组成与工作原理、特点时,它也能显示出各系统的信息。

中央维修计算机系统能在发动机不开车的情况下,对发动机低压转子进行动平衡,此功能特别有意义。通常,发动机转子的动平衡需将转子从发动机上卸下来放在专用的动平衡机上进行,以测定转子不平衡的大小与相位,据此来安装平衡配重。后来发展了"整机平衡"技术,即在发动机上进行低压转子的平衡。通过几次的专门开车,根据记录下来的每次开车的振动数据进行计算与分析后,可以确定出不平衡的大小与相位,这种整机平衡法对高涵道比涡扇发动机特别重要,因为长的风扇叶片有可能会被外物击伤,需在外场更换。以往的作法是按叶片的质量矩(成对称位置上的 2 片)更换叶片,但随着发动机使用寿命日益增长后,提出了在更换叶片后对低压转子在飞机上再进行平衡的微调,因此,这种整机平衡技术在 20 世纪 80 年代发展的一些发动机上得到应用。

在波音 B777/GE90 发动机上应用 CMCS,在不需要发动机开车的情况下,即可对低压转子进行动平衡,不仅大大降低了平衡的工时与费用,简化了平衡工作,而且也提高了平衡精度。当在 CMCS 主菜单中选择"平衡"程序时,屏幕上即显示出最近 6 次发动机工作时的振动值、平衡配重的大小与安装位置等。当操纵者下达根据几次工作时的振动值进行动平衡时,计算机即开始进行计算分析,最后显示出需安装平衡配重的大小与位置,以及换装配重后发动机的振动值,整个平衡工作是在无声无息快速进行的,其方便程度可想而知。

4. 风扇叶片单独拆换

早期的发动机的风扇叶片均带叶身中间凸肩,各叶片的凸肩相互抵压组成一整圈。这时单独拆除或装上一个叶片是不可能的。为使这种风扇叶片能在外场单独拆换一片,需采取一些特殊的设计,图 4-17 所示的 CFM56—3 风扇叶片的结构设计就能很好地解决单独拆换叶片的问题。

由图 4-17 可见,它的风扇轮盘燕尾榫槽做得较深,叶片的燕尾榫头下部装了一个垫片,当需拆除一个叶片时,先将垫片抽出,然后将叶片下压,使叶片榫头沉到槽底。这时,该叶片的凸肩也下移,与其相邻叶片的凸肩脱开,叶片即能自由地拉出或装入榫槽。CF6—80C2 发动机的风扇叶片装配结构完全与 CFM56—3 相同。当新叶片装入槽中后,再插入垫片,叶片被

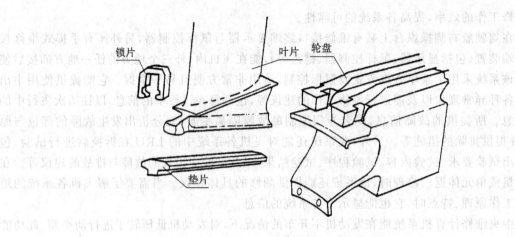

图 4 - 17　CFM56—3 风扇叶片的安装结构

抬举上升使凸肩与其相邻叶片凸肩啮合,采用这种设计,能在飞机上很容易地拆换风扇叶片。另外,风扇出口导叶也易被外物打伤,因此,也设计成 LRU,当需拆换出口导叶时,只需拆下 2~3 个风扇叶片让出一个可达通道,即可拆换。

CFM56 设计了风扇转子平衡螺钉装于风扇罩帽,便于航线调平,如图 4 - 18 所示。

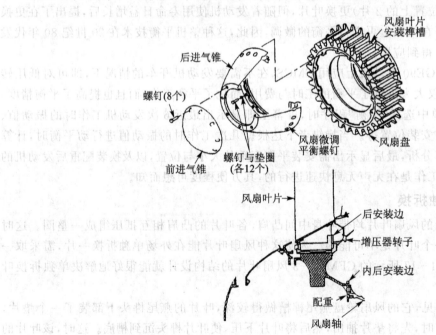

图 4 - 18　CFM56 风扇转子平衡螺钉的航线可调整结构

从图 4-18 所示结构中可以看到,该设计方便了维修人员的日常维护调节工作。

附件安装座内有齿轮、封严件、轴承等,为便于外场拆换和检查,在一些新发动机中,均设计成嵌入式结构,如图 4-19 所示,即将安装板盖与机匣配合处的尺寸做得比齿轮大,齿轮通过滚珠轴承以及石墨封严环装于安装盖板上,当需拆除时,只需将安装盖板固定于附件机匣上的紧固螺帽拆下,整套齿轮、轴承、封严件全部拉出,使拆卸工作简单、省时。

PW4000 发动机的 LRU 的质量控制在一个机械员能够拆装;不采用开口销或保险丝,而采用自锁螺母;采用螺栓连接时,自锁螺母固定在组件上,以便安装时,只需拆卸螺栓;LRU 与发动机连接处,不用封严圈,而采用整体的封严垫。

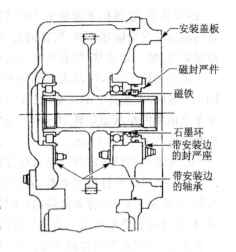

安装盖板
磁封严件
磁铁
石墨环
带安装边的封严座
带安装边的轴承

图 4-19　嵌入式附件安装座结构

GE90 发动机的 LRU 在安装位置可见 LRU 编号;取消了 LRU 连接件上的保险丝;采用圆弧扳手拧紧法。

F119 发动机的大部分附件包括燃油泵和控制系统均作为外场 LRU,每个拆换时间不超过 20 min,所有的工具仅是 11 种手动标准工具。

4.3.4　提高快速换发和装配能力

1. 快速换发

发动机从飞机上拆卸要尽量快速,即提高快速换发能力,以缩短飞机停场时间,具体要求如下:

① 发动机在飞机上的安装要尽量减少连接件的数量,简化管路、电缆的铺设。

② 飞机和发动机间的管路接头及电缆插头应采用集中的、快卸形式。

③ 发动机装入飞机机身内时应有导向及定位件。

④ 发动机安装设计时应考虑有适当的防护措施。如电缆、管路系统等的支撑和紧固件,在维修时可能无意中被当做“把手”或“脚蹬”使用而受到损坏。

⑤ 更换发动机时,除用发动机拖车外,不需其他专用工具。油滤和其他要定期维修的零部件,应采用普通的手动工具进行拆卸和更换。

为避免因换发工作耗时长而影响飞机出勤率,目前,民用发动机均应设计成具有快速换发能力,即将发动机先装上进气道、尾喷口等组件,同时将发动机的燃油、液压油、滑油、空气等管路与电气导线管分别集中起来,形成几个与飞机相应系统连接的总接头,组成快速更换发动机体 QECU(Quick Engine Change Unit)。当飞机需换发动机时,只需分解、安装几处总接头与主、副安装节,整体拆下或装上 QECU。换上新的 QECU 后,只需利用飞机上的辅助动力装置的高压空气对防冰系统、气流通道、反推装置等进行检查,然后短时间开车检查燃油系统和操纵系统,如一切正常,则表明换发完成。

采用 QECU 后,可以大大缩短更换发动机的时间,例如装三台 RB211—22B 发动机的 L1011 飞机,换装翼下的发动机仅需 51 min,换装机身尾部的中发需 71 min,换发动机后仅需开车至地面慢车状态运转 10 min。安装在波音 B767 飞机上的 RB211—524 发动机,其航线更换时间可达到 2 h 40 min。

在发动机设计中应使发动机具有能在外场对机载发动机进行方便维护的能力。

从发动机维修性模型来看,通常发动机的维修包括以下维修流程,即开始维修作业的准备时间、故障隔离时间、分解故障的时间、拆卸并更换故障件的时间、重新组装的时间、调整的时间、检验时间和修复后重新启动试车的时间。由于部件的拆装及调整检测的时间占用了其中的多个环节,因此对部件的装配性要实现快速、方便、准确。

以下是部分航空发动机结构设计上体现快速装配性的设计案例。

2. 环形燕尾榫头槽结构

通常高压压气机的环形燕尾槽上,在环形槽的某一位置处开一个能通过燕尾榫头的缺口,将叶片一片一片由此缺口插入环形槽中,然后沿槽道将叶片滑向一周,最后用锁紧块将叶片锁定在环形槽中。采用环形燕尾槽后,它能在打开压气机机匣后,单独更换某一级叶片,如图 4 - 20 所示。

图 4 - 20 带环形燕尾榫头的叶片

CFM56—7 叶片在环形燕尾槽中安装与锁紧的结构如图 4 - 21 所示,其环形燕尾槽中设置有一个宽度稍大于榫头宽度的缺口,为防止叶片被甩出,在此缺口两侧,各开有一个锁紧用槽口,其宽度比上述缺口窄。插装叶片,当插装底座上开有锁紧缺口的叶片时,插入一个锁块。全部叶片装入后,将整圈叶片在环形槽中稍做移动,使两个锁块分别对准环形槽中的锁紧用槽口,用改锥拧转事先拧在锁紧块中的螺钉。此时,锁块即上升,其下部卡在环槽中的锁紧槽口内,其上部插入两相邻叶片组成的方形缺口中,即将叶片在环形槽中的相对位置固定。

3. 火焰筒主涡流器采取浮动式结构

CFM56 发动机的火焰筒主涡流器采用了自由滑动的浮动式结构,并在喷嘴安装孔和电嘴安装衬套处设计有 90°的锥面大倒角。便于盲目装配,提高了维修效率。该设计满足了可达性和人机工程设计准则。

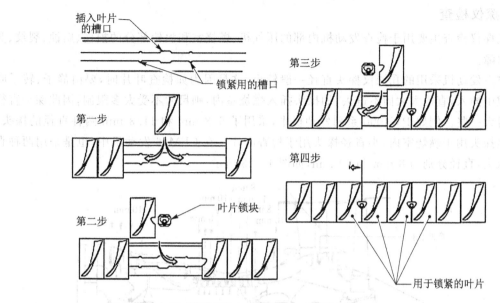

图 4 - 21 叶片装于环形燕尾槽中的安装与锁紧结构图

4. 低压涡轮转子可拆卸结构

除个别发动机外,低压涡轮机匣均作成整体的,为此,低压涡轮转子需作成可分解的,CFM56—3 的低压涡轮可作为典型实例。CFM56 的低压涡轮机匣是整体的,所以低压涡轮转子作成可拆卸的,即每级的轮盘均带有前后锥形鼓边与安装边,在两级安装边之间夹有一转动的空气封严环,三者间用螺栓连接,在 2、3 级安装边间夹有锥形短轴与低压涡轴相连,如图 4 - 22 所示。

4.3.5 可测试性

可测试性设计准则明确了发动机应设有机载的、地面的监视与诊断设备,以监测发动机的健康状态,并为诊断提供技术依据,通过使用无损探伤技术和达到测量发动机零部件及系统的工作状态。

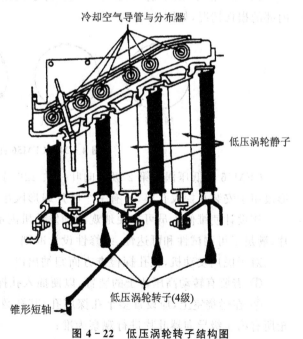

图 4 - 22 低压涡轮转子结构图

1. 孔探仪检查

孔探仪检查主要用于检查发动机内部的压气机、燃烧室和涡轮部分的损伤、腐蚀、裂纹、变形等故障。

航空发动机采用的孔探仪探头直径一般较小,这是因为如检查叶片时,要由静子、转子叶片间隙中插入,直径太大插不进去,如探头插入燃烧室内,则尺寸不受太多限制,因此探头直径可做得大一些。例如 PW4000 系列发动机中,采用了 6.8 mm 和 11.3 mm 两种直径的探头,大直径探头用于燃烧室内,小直径探头用于检查叶片。在 CFM56 发动机中,也是采用两种直径的探头,直径分别为 8 mm 和 10 mm,如图 4-23 所示。

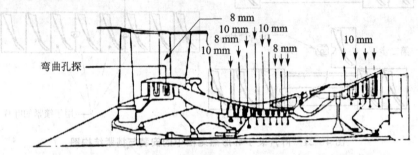

图 4-23　CFM56 孔探头尺寸的选择

CFM56 的增压级孔探口置于压气机静子机匣 17 点位置(后视),方便地面人员检查叶片内部的损伤情况,如图 4-24 所示。

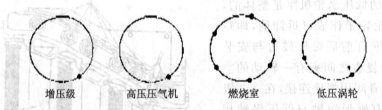

图 4-24　CFM56 孔探口分布图

CFM56 的低压涡轮第 2 级导向叶片共 126 片,由 21 个扇形段组成,其中,有一个叶片扇形段用于安装孔探仪孔座,另有一个叶片扇形段用于安装压力测量感头。

该设计使维修人员可方便地观测到发动机内部的损坏程度,准确判断何时更换或维修叶片,满足了可测试性和可达性、维修性设计准则。

对于民用发动机,在孔探检查方面归纳出以下要求:

① 需要有转动高压转子的装置,以便插入孔探仪后,能对每片工作叶片进行检查;

② 在燃烧室上,应设置多个孔探座孔,其孔数以保证能对所有喷嘴、全部火焰筒、高压涡轮所有第 1 级导向器叶片进行观察为准;

③ 应保证在进行孔探检查,拆卸孔探口盖时不拆卸其他零件;

④ 尽量减少孔探仪的规格,必要时应为柔性孔探仪提供延长导管;

⑤ 应兼顾目视观察、摄影与录像等方面的要求,并提出有关的检测标准;

⑥ 孔探仪座孔的堵盖不允许采用保险丝、开口销等锁紧装置。

GE90 为航线部件监视与诊断设置了多处孔探口,如图 4-25 所示。

GE90 的孔探座位置安排上,尽量减少操作人员的疲劳,因此将 19 个孔探座均安置在发动机的左上方,即 9:30—11:00 的位置上。19 个孔探口中经常要用的是对火焰筒头部及高压涡轮导向器前端进行探测。

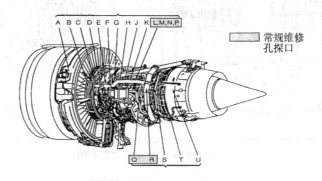

图 4-25　GE90 航线孔探口设置

遄达 800 发动机设置的孔探位置如图 4-26 所示,以实现状态监视与诊断。

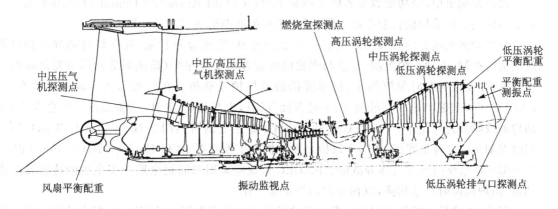

图 4-26　遄达 800 航线孔探口设置

通过刚性和柔性孔探仪,实现对压气机叶片、燃烧室、涡轮叶片等部位的探测,而从发动机进出口处可通过目视检查,对进出口外观进行检查,如图 4-27 所示。

2. EICAS 系统

发动机指示与机组告警系统 EICAS(Engine Indication and Crew Alerting System)一般

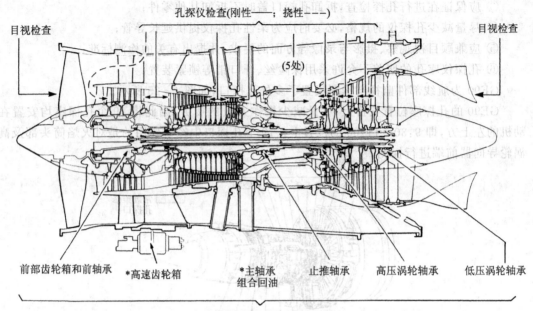

图 4-27 孔探和探屑器

由 2 台计算机、2 个控制板、2 个显示屏幕和 1 套发动机备用指示器组成。

民用发动机中,全功能数字式电子控制 FADEC(Full Authority Digital Electric Control)系统不仅是必须采用的控制系统,而且是很关键的状态监视与故障诊断系统。

在发动机控制方面,FADEC 可以进行推力控制、燃油流量控制、压气机可调静叶和可调放气活门控制、主动间隙控制、滑油与燃油温度管理和安全保护(防超温等),调节发动机的工作状况,在发生问题时采取慢车、停车等措施以保护发动机。在状态监视与故障诊断方面,FADEC 可以监视与记录燃油流量、关键截面气流压力与温度、转速、滑油温度等工作参数,自动检测故障并进行记录。FADEC 还是发动机中最主要的机内测试 BIT(Built In Test)设备,同时 FADEC 自身也实行 BIT,可以检测发动机电子控制器 EEC(Engine Electric Controller)与 FADEC 系统内部的大部分故障。FADEC 系统应采用双通道电路与多余度的传感器和作动器,出现故障时自动切换,以保证发动机正常工作。

目前,先进发动机的 FADEC 常与发动机指示与机组告警系统 EICAS 配合使用。它不仅能显示发动机的主要参数及其接近或超出允许的范围还提供告警信息,它分警告、告诫与提醒三级显示飞机各系统包括发动机出现问题的文字告警信息,而且能自动记录与存储有关超限的参数和 FADEC 的自动检测结果,为地面维修工作提供指导,EICAS 所用的发动机数据由FADEC 提供。FADEC 与 EICAS 的使用,大大改善了发动机的操作与维修工作,提高了发动机的可靠性,为机组的多人制向双人制过渡提供了条件。

双发客机波音 B757 的 EICAS 系统可显示 147 条告警信息,其中,与发动机有关的有 37 条。该飞机可装置 RB211—535E4 或 PW2037 发动机。以 PW2037 为例,它的 FADEC 可以提供发动机状态监视数据,对所有 EEC 部件进行连续的自检,并可将故障隔离到 LRU 级。这样,在日常的维修工作中,发动机维修人员除进行日检和定检项目外,仅需翻看 EICAS 系统中的维修页,根据该页显示的所需做的维修工作进行维修,如果没有显示要做的工作,则不需进行维修,如图 4-28 所示。

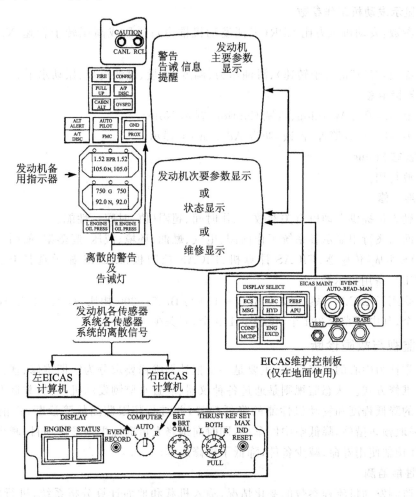

图 4-28　波音 B757 的 EICAS 系统

在波音 B747—400 型客机上,EICAS 系统又有较大发展,例如,可以用简图形式表示出各个系统的工作情况,从图上可以形象地了解系统是否正常工作,何处有问题,问题的性质等。

另外,EICAS系统的2个显示屏幕可以与导航等另外4个显示屏幕相互串用,也即6个屏幕中有5个损坏,也能全部显示原来6个屏幕显示的内容。

波音B777/GE90采用了类似于目前波音B747/B757/B767等飞机上使用的EICAS,它的彩色屏幕不仅可以在飞行中显示发动机的主要和次要参数、飞机各系统(包括发动机)的告警信息、飞机起飞前的状态信息等,还能指示有关发动机的超限(超转、超温)信息,以及在飞机着陆后,为地勤人员提供维修工作的信息与指示。

EICAS的功能有:

(1) 显示发动机工作参数

主要参数:发动机压力比EPR(表征发动机推力);低压或高压转子转速N_1或N_2;排气温度。

次要参数:N(其他转子转速)、滑油压力、温度、油量、燃油流量、振动水平。

(2) 告警信息

波音B757:警告Warning、告诫Caution、提示Notes。

波音B747—400:警告、告诫、劝告Advisories、提示。

(3) 状态Status

起飞放行用。

(4) 维　修

为地勤人员提供发动机有关参数:工作时间、超限(值、时间)、性能。

在地面与飞行中显示各系统工作简图:电气、燃油、环境、液压、起落架、舱门。

EICAS组成:传感器、EICAS计算机、EICAS控制板、EICAS显示选择开关、显示屏幕(CRT、LCD)、备用指示器。

由于采用了EICAS系统,波音B747—400与B747—200相比,灯光、开关、仪表由971个减至365个,其中灯光少384个,仪表少119个,开关少103个。

3. 健康监视与故障诊断

以可靠性为中心的维修思想,主要是一个把计划维修要求分为定期维修、视情维修和状态监视三类维修方式。状态监视则是通过各种仪器、装置来监测发动机工况,掌握发动机主要零件可靠性的降低程度和发动机性能的降低趋势,并进行超限监测故障诊断,提前发现故障征候,及时采取预防措施,降低空中停车率,同时向维修人员准确提供维修项目,减少不必要的机件拆卸,并预估使用寿命,减少备件,降低了维修成本。

(1) 性能监测

主要监测发动机流程参数的变化情况,输入机载和地面计算分析系统,进行故障检测、性能检测,通过计算机逻辑决断,确定发动机的拆修和调整。

(2) 润滑系统监测

① 屑末检测器。例如,CFM56发动机除了在飞行中监测润滑油储量、滑油压力、滑油回

油温度外,在回油路上均装有整体自封磁屑检测器,及时检查发动机损伤情况。还规定:在飞行 10 h 后进行初步检测,若无问题,以后每 25 飞行小时及过载后进行检查或按实际情况,对屑末进行目视、磁铁和显微镜检查,分析原因确定维修计划。

② 滑油光谱分析。定期或不定期地从油箱中取样,进行光谱分析,以便在早期阶段就能检测旋转部件和油泵的中期或长期磨损及密封状况。

③ 滑油消耗量监测。例如 CFM56 发动机规定在发动机停车后 30 min 内检查滑油储备量,若油量小于 11.4 L,必须补充加油。规定消耗量若超过 0.76 L/h,应立即进行维护检查。

(3) 振动监测

利用振动等监测参数,监视发动机振动情况。

(4) 射线照相

利用射线照相可检查孔探仪检查不到的部件。例如,CFM56 发动机采用了 γ 射线检查,射线可从发动机前部的轴中心进入。

4. 其他检测方式

(1) 本机平衡

为实现低压转子本机平衡,通过机载对发动机不平衡的测试,指示出配重大小和相位。在 CFM56—3 上,可以在装机(装在飞机上)的条件下对低压转子进行动平衡调节,但须开车 2～4 次,以获取有关平衡的数据,经过计算分析后,可以确定不平衡量的大小与不平衡处的相位。在 GE90 发动机上,利用机载的维护计算机系统在飞行中收集各次飞行时发动机的振动值与不平衡相位,在维护中,当需要微调平衡时,只要在主菜单中选用"转子平衡",显示屏幕即可指示需安装的配重大小与相位,换装配重后,不需开车以复核。该设计大大简化了更换单元体后的测试及调整工作。

(2) 滑油箱储量指示

CFM56—3 的滑油箱储量指示采用了对维修人员非常方便的一种指示器,即在发动机短舱罩打开后能方便观察到的位置(滑油箱)装有一目视储油量指示器,当指示器显示亮色时,表明需加滑油,当它呈黑色时,不需加油。CFM56—5A 改用了外置的带刻度的透明油面指示器,可以直接观察出油箱的油量,使油量可以直接量化读出。

(3) 油滤堵塞指示器

CFM56 附件传动单元体中,进油路与回油路上的油滤,均设有目视的油滤堵塞指示器,它是安装在油滤旁,用半球状的小玻璃盖罩住的,当红色指示棒缩在座内时,表示油滤未堵;当红色指示棒露出来时,表示油滤堵塞,伸出越多,堵塞越严重。

(4) 振动监视

CFM56 的发动机振动监视系统(EVM),可以监测一号轴承、风扇机匣、低压涡轮后机匣的振动情况,以及监测转子不平衡及由间隙的增大导致的性能下降、轴承故障、附件传动系统齿轮和轴承的磨损、附件故障等,还可纠正过量的低压系统振动配平工作。

4.3.6　可修复性

贵重件应具有便于在其磨损、变形或有其他形式故障后修复原件的性质。例如设计成可调整的、可局部更换的组合形式,以及设计专门的修复基准等。这也是对系统维修性不可缺少的要求。

可修复性是维修性设计的一个重要组成部分。从发动机整体来说,良好的可达性、单元体化、列出航线可换组件清单等措施能大大改善发动机的可修复性;从零件来说,由于发动机零件普遍设计与制造复杂、成本高,因此,必须注意提高零件的可修复性。零件的可修复性主要取决于两个方面:一是修理技术,二是设计考虑。先进的修理技术可以使零件整旧如新,使看似不可修复的损坏零件得以修复,而可修复性设计则应考虑到零件可能的损坏与修复方式,在设计中就需采取必要的措施,为以后修复工作做准备。航空发动机零件的可修复性设计主要有以下一些要求:

① 需要用机械加工修理的零件,设计时留有日后修理时用的加工余量。旋转件应备有去材料的凸台以供平衡时修正质量。

② 加工中去掉工艺基准的零组件应设计参考基准面。

③ 转子叶尖做耐磨处理,而机匣相应位置处应衬以易磨涂层或易磨衬环,这样一方面可保证叶尖间隙,另一方面当磨损严重时,仅需修复涂层或更换衬环,不需修理叶片或机匣本体。

④ 制订明确的标准,根据零件的不同损伤状况判断是否可以继续使用或是需以某种方式修复或报废。例如易受外物打击的风扇叶片,应根据不同击痕大小采取继续使用、挫修后使用或更换等措施。

良好的可修复性可以减少维修费用和备件数量,并且能使性能得到恢复。除了单元体设计为修理提供方便外,还需借助机械加工修理零件,故设计时应留有加工余量。另外,流道中经常摩擦的部件可采用易磨损环带和易磨损涂层,既保证了可靠工作又便于更换。

1. 风扇叶片

V2500 的宽弦空心风扇叶片可在加工设备上进行热矫正,也可在机翼上修复,具有和实心叶片相当的修整和修复范围,如图 4-29 所示。

该设计中,为叶片留了加工余量,便于叶片在未来使用过程中出现损坏后的修复工作,满足了前文所归纳的可修复性设计。

2. 风扇摩擦带及风扇易磨涂层

CFM56 风扇的摩擦带及消音嵌板都采用复合材料,粘合在基体金属上,只要拆除固定螺钉,即可用专用工具更换,如图 4-30 所示。另外,风扇燕尾槽涂有 Molydag 涂层,叶片榫头涂有铜镍铟介质和 Molydag 涂层,涂层都可修复。

该设计中,对易损件进行了可修复性设计,同时又考虑到更换易损件的方便程度。

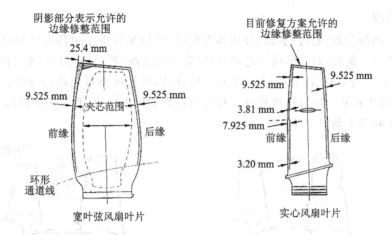

图 4 - 29　V2500 的宽弦风扇叶片

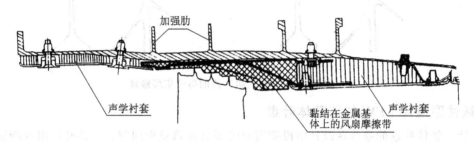

图 4 - 30　CFM56 的风扇摩擦带

3. 核心机耐磨涂层

　　CFM56 的高压压气机机匣上衬环涂层可更换。高压涡轮外环和低压涡轮叶冠阻尼面涂有 C.M.64 耐磨涂层,高压涡轮叶片榫头及所有封严齿上均涂有耐磨涂层 Melco601,这些涂层均可修复,如图 4 - 31 所示。

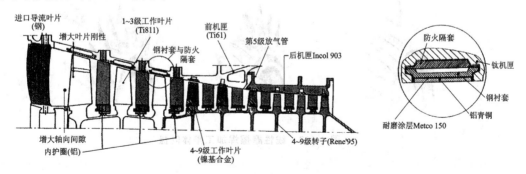

图 4 - 31　CFM56 高压压气机钛机匣的套隔层

4. 电子束焊

当叶片出现变形、卷边、裂纹、掉块等现象时,可以采取电子束焊办法对叶片进行修复,如图 4 - 32 所示。例如,对于前缘小卷边,可以先予以去除,然后进行打磨使之圆滑过渡;对于大的卷边,则首先将其切掉,用电子束焊上一块补片,再按叶型量规进行修磨;对于一些小的掉块,可用氩弧焊补修。所有这些修复工程均可在发动机上完成,并可保证以最少的费用使磨损严重的整体叶盘重新投入使用。

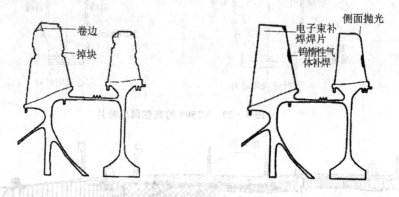

图 4 - 32　压气机叶片的电子束焊修复

5. 线性摩擦焊 LFW 加工整体叶盘

针对整体叶盘的维修在设计阶段就需要考虑其可修复性问题。当某叶片出现断裂、裂纹、损伤等情况时,如何对单个叶片进行修复,可以采取线性摩擦焊加工方法,对其中一个叶片进行更换,如图 4 - 33 所示。既达到了整体叶盘质量轻的目标,又实现了叶盘的可修复性,可节约维修成本。

图 4 - 33　线性摩擦焊加工整体叶盘

4.3.7　防错及安全性

按照墨菲定律,做某事至少发生一次差错的事件是一个必然事件。因此,在设计发动机时,应消除拆装中的差错可能性或者通过对维修人员的警告、提示来防止差错发生。

1. 设计措施

防错的设计有以下措施:

① 在结构上只允许装对了才能装得上,装错了或装反了,就装不上;

② 采取识别标记,通过文字、数据、颜色、形象图案、符号或数码等表示,同时也可以提高工效;

③ 外形相近而功能不同的零件、重要连接部件和安装时容易发生差错的零部件,应在结构上采取加定位销,使各插脚粗细不一或不对称等办法,防止插错。

以下是一些航空发动机设计实例,体现了防错设计和安全性设计原则。

2. 采用标注

《航空发动机适航规定》(CCAR-33R2)中的 33.71 条规定:每个滑油箱加油口应标上“滑油”字样。CFM56 发动机附件的滑油箱、散热器、燃油附件等壳体上铸有以油路来去方向及与何处连接等字样,以防止装错。

GE90 发动机的数字式全功能发动机控制系统(FADEC)带搬运手柄,吊钩以方便维修人员拆卸和搬运,FADEC 接口漆有彩色码,以方便识别其接口功能,防止接线错误。在 FADEC 上还应有具有能判断读入数据正误的能力,只选用正确的指示值。

3. 非对称结构

在发动机的各种安装边处与附件安装座上,连接用或固定用的螺栓与螺桩,采用不均匀分布,将其中任一个螺栓或螺桩的位置做成不均匀的,避免因对称分布造成的安装错误。燃烧室上安装喷油嘴的安装座,将对称安排的螺钉孔位置,改成不对称的,即可避免装错,如图 4-34 所示。

在高总压比发动机中,高压压气机后几级的工作叶片,叶型和尺寸相近,且由于叶身很薄,前后缘也很相似,须采取必要的防错设计,避免装错现象。在 CFM56 发动机上,其高压压气机转子叶片缘板前后不对称,而且各级缘板大小不同。

CFM56 发动机的高压压气机,第 6～8 级静子叶片扇形块的一头外伸,局部凸缘相配(各级凸缘位置各异),以防止装错进排气边或装错级。

CFM56 发动机的燃烧室采用不均匀定位块,火焰筒内壁后支承环上方偏右有一半圆形槽定位,以防止装错。

4. 安全性设计结构

JT9D-7R4G2 的滑油箱注油盖上带有挡板式活门,加油后自动弹回封闭,防止油料外泄,造成危险,如图 4-35 所示。

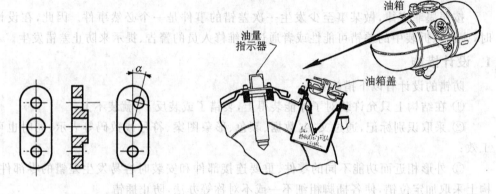

图 4-34　螺栓采用不均匀分布　　　　图 4-35　JT9D 发动机的油箱

GE90 发动机所有携带液体的 LRU 都有排放装置,以防止拆卸时液体泄露,对维修人员造成伤害等。

4.3.8　可运输性

运输方式是指运送货物的途径,主要有公路运输、铁路运输、航空运输和水路运输。这 4 种主要运输方式各有以下一些优缺点。

铁路运输优缺点如下:

　　优点　运量大,行驶速度快,费用低,运行一般不受气候条件限制。

　　缺点　受线路限制,需要有短途运输工具与之配合。

公路运输优缺点如下:

　　优点　通用,灵活,装卸工作量小,运行速度快。

　　缺点　运量受限制,运行受到一定气候条件限制(如雾、暴雨、积雪等)。

航空运输优缺点如下:

　　优点　运行速度最快。

　　缺点　费用最高,运行受气候条件限制大,需要有短途运输工具与之配合。

水路运输优缺点如下:

　　优点　运量大,费用较低。

　　缺点　运行速度慢,受航道和码头的限制,不易接近内地的运输目的地,需要有短途运输工具与之配合。

运输方式受到运输路线和交通条件的限制。不同的运输方式的容量、速度、可用性,应根据任务要求和具体地理、气候、交通条件,在保证任务要求的情况下,运用价值工程的方法进行分析,使得运输费用最低。

　　运输工具是指具体装运货物的各种工具,即卡车、运输直升机、运输机、火车、货轮等。运输工具的选择主要受货物的包装尺寸和质量的限制。

　　可运输性也是干线客机维修性设计中必须考虑的一个重要问题,因为只有当发动机具有较好的可运输性,特别是具有能空运的能力时,才能使航空公司减少备用发动机和单元体数量,达到节约费用的目的。

　　对于干线客机的大推力和高涵道比发动机,其体积特别是风扇直径不断增加,可运输性的问题日益突出。在公路运输中,现有的发动机大多可以用重型平板大卡车运输;在船运和铁路运输中,运输整台发动机或部件也不存在问题;在空运时,虽然发动机的质量不会超出飞机载重量的限制,但由于受飞机货舱门的限制,直径较大的发动机空运时就会出现可运输性问题。因此,在发动机设计时,应该考虑如何将发动机拆开运输的问题。值得庆幸的是,现代干线客机发动机设计中,均采用单元体结构,这样,在空运时如有需要,可将发动机先拆下 1～2 个单元体后,再分别装箱运输,也可以分成多个单元体进行运输。

　　不同的空运运输方式对飞机的要求不同,对维修工作量的要求也不同。在三种空运方式中,整机空运对飞机要求最高,但是由于不需要其他拆装工作,维修工作量要求最低;分半方式是将对运输妨碍最大的风扇部分与核心机分开,分别装箱运输,这可大大降低对飞机货舱的要求,但是需要附加拆装工作;主要部件分解运输方式是将整台发动机分解成风扇、高压部分、低压涡轮部分等若干个大模块进行运输。

　　双发的波音 B777 用的发动机如遄达 800、GE90、PW4084,由于推力大,风扇直径大(GE90 的风扇叶尖直径为 3.124 m),可运输性相对较差,但是各发动机公司仍然为它们提供了多种可用的空运方式。例如,罗罗公司的遄达 800 发动机带附件的整机仅可用波音 B747一级的宽体货机主舱空运,核心机可用所有货机的主舱和宽体飞机的底舱空运。但对于风扇,由于直径较大,风扇与核心机分开的发动机只能用宽体货机(包括波音 B757)的主舱空运。至于 GE90,由于它是迄今为止世界上最大的发动机,现有的各种货机均不能运输整台发动机,运输时只能将风扇拆下运输。为便于运输以及在飞机上拆装,在 GE90 发动机单元体划分中,不像其他发动机将全套风扇(包括转子与静子)部件作为一个单元体,而是将风扇静子叶片与机匣单独作为一个单元体,风扇叶片不作为发动机的维修部分,将风扇叶片及前进气锥、叶片用的锁片等称为"风扇段",作为飞机的一部分来维修。将与低压涡轮连接的风扇轮盘与增压压气机(包括增压压气机的静子部分)以及高压部件(高压压气机、燃烧室、高压涡轮)、附件传动机匣、推力支杆与后安装节等组合为一体,称为发动机的推进器或备用发动机。根据 GE 公司的经验,风扇静子叶片与机匣即风扇静子部分返修率较低,例如 CF6 系列发动机中,由于风扇静子损坏引起的发动机返修,仅占全部返修事件的 9％。由此估算出,GE90 今后由于风扇静子部分出故障引起的返修事件,不会多于全部返修的 6％。因此,航空公司在外场需拆换发动机时,一般可以将风扇静子部分留在基地,只须运输备用发动机即可。如果风扇静子也须运输时,可将它倒置于箱中运输。备用发动机根据需要还可分解成:增压压气机单元机体(包括风扇轮盘）、高压核心单元体、低压涡轮单元体三个单元体进行运输。表 4 - 7 列出了 GE90 的可运输性（空运）的情况。

表 4 - 7　GE90 发动机的可运输性

部　件	货机和客货混合机	客机货舱
整台发动机	无	无
备用发动机	所有宽体货机	无
风扇静子部分	所有宽体货机	无
增压压气机单元体	所有货机和混合机	所有宽体客机
高压核心单元体	所有货机和混合机	所有宽体客机
低压涡轮单元体	所有货机和混合机	所有宽体客机

采用备用发动机方案，提高可运输性。例如 GE90 运输时，需风扇部件（包括风扇叶片）当作飞机的一部分留在飞机上，只拆下备用发动机；备用发动机指除风扇机匣、风扇出口导流叶片、前进气锥、风扇叶片及其锁紧装置、主喷管与后锥以外的部分，包括核心机、增压压气机、低压涡轮及风扇轮盘；备用发动机与当今高推力涡轮风扇的运输性一致，如图 4 - 36 所示。

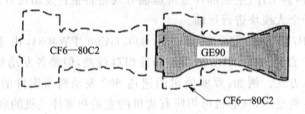

图 4 - 36　GE90 与 CF6—80C2 发动机对比

可见，超大直径风扇的 GE90 发动机在设计时充分考虑到了发动机的可运输性要求，方便了维修工作的组织。

罗罗公司生产的遄达 800 发动机充分考虑了可运输性，如图 4 - 37 所示，其核心机或整机可以完全由公路运输方式解决，核心机可以由宽体客机进行运输，完整的遄达 800 发动机可以由波音 B747 进行运输。

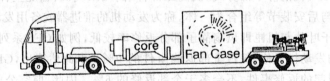

图 4 - 37　遄达 800 发动机的可运输性

4.3.9　简化维修的其他措施

　　产品维修性设计中的一项设计准则就是要简化结构设计,以达到维修简单、方便、快捷、节约成本的目的。对于部件的设计从维修性角度就是要简单。下面是几个简化维修的设计实例。

1. 离心式油滤

　　JT9D 发动机采用了离心式油滤,与静止式油滤相比,离心式油滤的污物收集室容积大,能够积存更多的污物,因此大大减少了清洗油滤的次数,简化了维修工作,如图 4-38 所示。

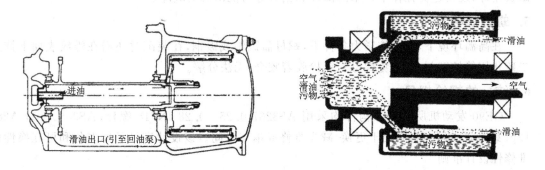

图 4-38　离心式油滤

2. 导管卡箍

　　GE90 附件管路中,采用电线标牌,标明 LRU 的功能接口;使用细长夹,易于电缆的更换;使用复合材料导管卡箍,更易安装且消除了磨损的问题,如图 4-39 所示。

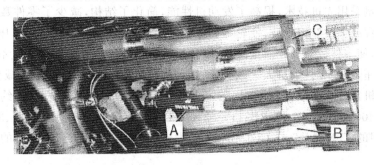

图 4-39　GE90 的管路线束图

　　图 4-39 中的 A 为电缆线,B 为卡箍,C 为复合材料导管卡箍。

　　该设计使得维修人员可以快速、准确地进行维修工作,简化了维修工作,还满足了防错设计准则。

3. 启动机

GE90 采用湿腔启动机,消除了封严可靠性问题,以及定期更换滑油的需要,减少了维护工作量,节约了成本。

4. 一次性油滤

GE90 发动机中,滑油与燃油滤一次性使用,无需清洗和重复使用,因为采用了长寿命油滤。根据飞机的中央维修计算机终端显示器显示出的屑末监视系统数据来确定是否需要拆换油滤。这样可减少目前广泛采用的定期拆卸检查和清洗油滤的次数,除可节省维修工时和维修费用外,还可避免操作中带来的漏油和错装等可能出现的故障。

5. 螺母螺栓涂层

在高温环境下,在大拧紧力条件下,螺母需镀银或镀铜,在装配时还需在螺纹表面上抹上二硫化钼等抗摩剂,以避免螺母与螺栓胶着咬合,无法分解。

6. 统一的螺栓螺母

GE90 发动机所有外部构件均采用 AS3237 0.25—0.28 IN718 螺栓,AS3485—04 A286 12pt 螺母,标准化零件,便于更换,减少维修成本与时间。该设计满足了标准化和可互换性的维修性设计准则。

7. 短舱动力开启

GE90 发动机短舱用动力而不是人力开启外罩,以减少劳动量,并加速开启时间。该设计充分考虑了维修人员的体力,减轻了他们的工作负担,节省了维修时间,提高了维修效率。

8. 减少零件数

由于大量采用先进技术,提高了发动机性能,简化了结构,减少了零件数。如压气机转子采用电子束焊或惯性摩擦焊后,使轮盘和鼓环等组成的转子成为一个单件;压气机中采用整体叶盘结构后,使零件数减少和质量减轻;整体精铸的燃烧室内外一体化机匣不仅能避免在机匣上焊接安装座,还使零件数目大大减少;采用可控扩散度叶型后,叶片数目减少约四分之一,等等。从发动机零件总体数目看,与 1982 年投入使用的 JT9D—7R4 发动机约有 5 万个零件数目相比,PW4000、CF6—80C2、RB211—524G/H 零件数目分别减少了 50%、38% 和 62%。

GE 公司的 CFM56—2 与 CF6—50 两型发动机不同部位的零件数目的比较,如表 4-8 所列。

表 4-8　两型发动机零件数目比较

发动机型号	CF6—50	CFM56—2	变化值/%
承力框架	4	2	—50
轴承	8	5	—38

发动机型号	CF6—50	CFM56—2	变化值/%
风扇及增压级叶片	686	684	相同
高压压气机级数	14	9	-36
高压压气机可调级	5	4	-20
高压压气机叶片数	1 889	1 380	-27
燃烧室	板料火焰筒	滚压成形火焰筒	
高压涡轮级数	2	1	-50
高压涡轮叶片数	480	198	-59
低压涡轮叶片数	3 511	3 387	-4
叶片总数	6 576	5 649	-14
规定寿命的旋转件	33	20	-39

4.4　设计分析

4.4.1　定性的维修性分析

维修性分析是维修性工程中最为重要的工作内容,它是通过分析确定产品设计是否满足使用方提出的定量和定性的维修要求,以及是否符合维修性设计准则。这些要求或准则包括了缩短维修停机时间,简化维修工作,降低维修费用,减少维修差错,降低对维修人员的要求,满足与维修有关的人机工程及安全性要求等各方面的内容。通过分析,以确定能达到维修性的费用——效能最好途径,并积累用于维修计划和后勤保障性分析的维修性数据,从而为设计提供指导。

几种型号的遄达发动机(遄达 500/700/800/900/1000)均装于机翼下方(翼吊形式),为便于机务人员方便维修,把附件及齿轮箱等系统安装在风扇机匣上,见图 4 - 5。而从图 4 - 40 可见,附件和管路等装配在核心机和燃烧室机匣上,造成拆换和在热端维修的不便。

由图 4 - 5 和图 4 - 40 对比可以看出,遄达发动机改变了其他类型发动机把附件安装在核心机匣外部的方式。对比其他同类型发动机,遄达发动机不仅简化了结构,而且具有对附件良好的可达性,减少核心机的安装工作量,以及缩短单元体更换时间等优点。它满足了对附件传动装置的维修性设计要求,即:

➢ 满足各附件的转向要求;

➢ 各附件的安装不能相互干扰;

➢ 便于接近进行维护、更换;

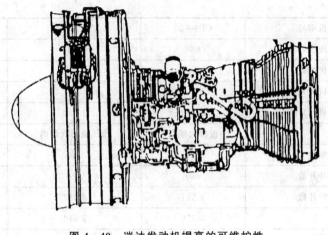

图 4-40　遄达发动机提高的可维护性

> 集中安装,满足可达性要求;

> 应使横截面积小;

> 远离高温区。

维修性分析的范围是十分广泛的。定量的分析有维修性建模、分配和预计,定性的分析有可达性分析、互换性分析、防差错分析、人机工程分析、维修安全性分析、保养工作分析等。

维修性分析应以故障模式及影响分析(FMEA)为基础,在发动机设计的各阶段都应进行分析。对发动机的每张主要零、部件图纸都应加以评定,判明故障可能发生的部位和原因,并提出消除故障所应采取的措施,判断可能要采取的预防性维修活动,找出完成修理工作的最适宜方法。如在分析中发现有不满足要求或不满足准则之处,应对设计加以改进。

以上各种定性分析中,除保养工作分析只适用于预防性维修外,其余各项分析均既适用于预防性维修,也适用于非预防性维修。对以下各个分析内容做出"肯定"、"否定"或"有疑问"的回答。对于回答"否定"或"有疑问"的提问中所涉及的问题,应考虑通过改进设计来加以解决,对于无法进行改进的方面应说明理由,并编写出报告,报有关部门批准。

1. 可达性分析

可达性是能够接近发动机或部件进行检查、修理、更换或保养的相对容易程度。它包括两个方面的内涵,即可视性——视觉可达;可操作性——身体的某一部位或借助于工具能够接触到维修部位,并有为零部件检查、修理或更换所需要的空间。

分析内容如下:

① 设备或部件是否根据故障频率的大小配置在有相应可达性的位置上;

② 能否做到在检查或拆卸一故障 LRU 或附件时,不必拆卸其他设备或部件;

③ 接头、开关是否布置在可达性较好的位置上;

④ 设备测试点、检测点是否布置在设备的外侧；

⑤ 常需拆卸的接头、开关以及常备检测的测试点是否设置了专用口盖；

⑥ 所有润滑点是否均具有良好的可达性。

2. 互换性分析

互换性是一个给定的零件、部件或器材能被同类的零件、部件或器材代替的能力。有两种互换性：①如果两个项目具有相同的功能，就有功能互换性；②如果两个项目能够在同一地方用同一种方式安装、固定、连接等，就存在实体（物理上的）互换性。

分析内容：

① 同型号、同功能的部、组件是否具有互换性；

② 是否根据产品的使用维修条件提供了合理的使用容差；

③ 不同工厂生产的相同型号的设备、组件和附件是否具有互换性；

④ 设备、组件和附件等的原型产品与改进的产品是否具有良好的安装互换性；

⑤ 与维修有关的螺纹规格和尺寸等是否实现了标准化和规格化。

3. 防差错分析

从维修性的观点来看，如果某个设备或附件在维修时存在着错误维修操作的可能性，那么肯定有某个人将会错误地进行维修操作。而这种操作是导致故障频发且后果严重的一个因素，为避免这种情况的发生，必须进行防差错设计和分析。

分析内容：

① 对于外场使用中容易发生维修差错的重点设备或部位是否采用了"错位装不上"的特殊设计措施；

② 在设计时是否充分考虑并采取了措施，防止在连接、安装时发生差错，做到即使发生操作差错也能立即发现；

③ 凡是需要维修人员引起注意的地方或容易发生维修差错的设备或部位，是否都在便于观察的位置设有维修标志、符号或说明标牌，说明标牌上有无准确的数据和有关的注意事项；

④ 在连接、装配、安装、盖口盖和其他维修操作中，可能出现错误的部位，设计上有无防错措施；

⑤ 对于有固定操作程序的操纵装置，有无操作顺序号码和运动方向的标记；

⑥ 标记的采用是否符合有关标准的规定，标记在飞机使用、存放、运输条件下能否保持清晰、牢固；

⑦ 在附件上是否标明了流体的流动方向。

4. 人机工程分析

维修性不仅同发动机或部件、附件的保养、检查、维修以及修复特性有关，而且对于人（维修人员）的因素的依赖程度较高。在设计中不考虑人的因素，会造成维修问题的增多，进而导致发动机效能的降低。人机工程就是将人的特性数据和原理应用于部件、设备和发动机的规划、设计和研制中。

分析内容：

① 调试点、调整和连接机构是否便于识别和维修操作。

② 维修人员在飞机上进行维修工作时，有无一个比较合适的操作姿势。

③ 维修人员在飞机上进行维修工作时，有无一个比较合适的照明条件。

④ 单人搬动的机件质量不超过 16 kg；两人搬动的机件质量不超过 32 kg；质量超过 32 kg 的机件采取相应的起吊措施。这些设计原则是否得到遵循。

⑤ 发动机及其部件、附件的设计能否保证只具有中专以上航空技术相关专业水平的人就可以完成外场的维修工作。

5. 维修安全性分析

维修人员在飞机上进行维修操作时，往往处于各种潜在的危险之中。有许多危险是由于在设计中考虑不周而产生的，也有一些危险是维修人员在进行维修操作时的疏忽造成的。如果维修人员必须分散精力去注意安全防护，那就无法集中精力去做好维修工作。因此，飞机上应设计各种保护措施作为人员操作疏忽时的保险。

分析内容：

① 是否做到将损坏后容易发生严重后果的系统、设备不布置在易被损坏的部位；

② 能否避免维修人员在接近高温、高压、电击、毒性物质、微波、放射性物质以及其他有害物质的环境中进行维修工作；

③ 在可能发生危险的地方，是否在便于观察的位置设有醒目的标志、文字警告；

④ 工作舱口的开口和口盖构件的棱边是否倒角和倒圆弧。

6. 保养工作分析

保养是影响日常预防性维修的重要因素之一。对于很多设备来说，保养是在长时间使用中无需维修的唯一的维护要求。在设计中采取缩短保养时间的措施，对提高发动机的使用效能是很有益的。

分析内容：

① 在需要进行调整、润滑、充注、更换、充电以及其他保养的各部位，是否已根据需要提供了保养点；

② 是否有标出所用润滑剂种类和注油间隔的润滑说明；

③ 在发动机或部件内所有需要润滑的地方，是否采用了中心供油点或至少注油到了最低限度；

④ 在需要使用不同润滑剂的各点上，是否使用了容易辨别的或不同类型的注油嘴；

⑤ 在各注入点注入流体时是否不致溢出（特别是在易损坏的设备上）；

⑥ 泄出点的位置是否能让流体直接流入废液桶而无需用接头或导管。

4.4.2　可用度综合权衡

综合权衡是指为了使系统的某些参数优化,而对各个待选方案进行分析比较,确定其最佳组合的过程。维修性参数选择及指标的确定,应与军用飞机性能及保障性等要求进行综合权衡,一般应考虑:

① 在军用飞机效能与费用之间应进行权衡;

② 应把军用飞机的性能、可靠性和维修性等要求放在同等地位进行综合权衡分析;

③ 经费和进度条件的制约;

④ 在基本可靠性与任务可靠性、可靠性与维修性、采用机内与外部测试设备之间、在确定维修级别时均应通过权衡作出决策。

以上可知,综合权衡涉及性能、可靠性、维修性、费用、进度和风险等多种因素。

系统的可靠性和维修性共同决定了系统的固有可用度 A_{I} 为

$$A_{\mathrm{I}} = \frac{\mu}{\lambda + \mu} = \frac{T_{\mathrm{BE}}}{\overline{M}_{\mathrm{ct}} + T_{\mathrm{BF}}}$$

式中:λ——故障率;

μ——修复率。

当规定了系统的固有可用度时,就要在可靠性和维修性之间进行权衡。

例　某个单部件的可修系统,原设计故障率为 $\lambda = 0.000\,2\ \mathrm{h}^{-1}$,修复率为 $\mu = 0.06\ \mathrm{h}^{-1}$,求其固有可用度? 若要使该系统的可用度 $A_{\mathrm{I}} = 0.999$,应如何改进设计?

解　原系统可用度可求得:

$$A_{\mathrm{I}} = \frac{\mu}{\lambda + \mu} = \frac{0.06\ \mathrm{h}^{-1}}{(0.000\,2 + 0.06)\ \mathrm{h}^{-1}} = 0.997$$

若要提高可用度到 0.999,可考虑以下几个方案:

令:

$$A_{\mathrm{I}} = \frac{\mu}{\lambda + \mu} = \frac{1}{1 + \dfrac{\lambda}{\mu}}$$

方案一　仅从降低故障率来改进设计,即 μ 不变,则要求 $\lambda = 0.006 \times 10^{-5}\ \mathrm{h}^{-1}$,相当于 $T_{\mathrm{BF}} = 16\,650\ \mathrm{h}$,而原设计 $T_{\mathrm{BF}} = 5\,000\ \mathrm{h}$。显然不可能达到。

方案二　仅从提高 $\overline{M}_{\mathrm{ct}}$ 来着手,即 λ 不变,则要求 $\mu = 0.199\,8\ \mathrm{h}^{-1}$,相当于 $\overline{M}_{\mathrm{ct}} = 5\ \mathrm{h}$,而原 $M_{\mathrm{ct}} = 16.7\ \mathrm{h}$,显然也难以实现。

方案三　采取综合措施,使故障率降低至 $\lambda = 12.5 \times 10^{-5}\ \mathrm{h}^{-1}$(相当于 $T_{\mathrm{BF}} = 8\,000\ \mathrm{h}$),将 $\overline{M}_{\mathrm{ct}}$ 提高至 $\mu = 0.124\,9$(相当于 $\overline{M}_{\mathrm{ct}} = 8\ \mathrm{h}$)。这样既容易实现,又能满足改进设计要求。

可见,维修性可以解决可靠性不高带来的问题。如果希望一个系统有充分可用的机会,不仅要提高它的可靠性,还必须要有良好的维修性。

良好的维修性设计也受制于可靠性设计要求。RD—33 发动机是由苏联于 20 世纪 70 年代初期开始研制的高推重比加力式涡轮风扇发动机,它是苏联第一种推重比为 8.0 一级的发动机,以装配第三代战斗机米格—29 飞机。为了满足中国 FC—1"枭龙"战斗机的需要,克里莫夫设计公司将 RD—33 的附件机匣由安置在发动机上部,改为安置在发动机下方,并将发动机命名为 RD—93。

RD—93 的循环参数与性能参数基本同于美国 F100 发动机初始型号 F100—PW—100。它的高压转子是由 2 个支点支承的,因此高压压气机与高压涡轮转子间采用刚性联轴器,其装配非常方便。总装时,把螺栓先装在高压压气机后轴安装边的相应孔中,并用卡圈固定使其不能松脱,之后将高压涡轮盘的螺栓孔对准螺栓推入。当达到用以传递扭矩的端面齿啮合时,再用扭力扳手拧上螺栓的紧固螺母并锁紧,即可完成高压压气机转子和涡轮盘的连接,如图 4-41 所示。

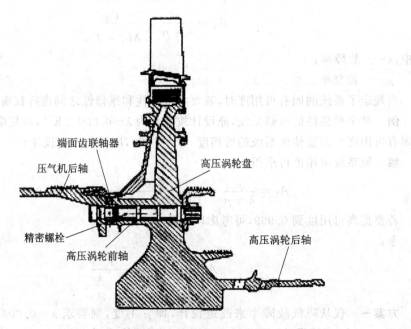

图 4-41 高压转子联轴器结构图

高压压气机后轴与涡轮盘间用多根精密螺栓连接,保证装配与工作时的定心。螺栓除了传递工作时的轴向力外,还要承受端面齿传扭时的轴向分力。这种方式比 CFM56 发动机方便多了,且易于单元体的拆换。但是,由于在盘腹板处开了多个螺栓穿过的孔,大大消弱了盘的强度,增加了盘的质量,且是易于出现故障的潜在地区。因此,在 20 世纪 80 年代后发展的发动机,已基本不采用该结构设计类型,而广泛采用圆弧端齿联轴器。

4.4.3　预防性维修与修复性维修的权衡

对易损坏零件进行拆换的方式有两种:一是等到该件发生了故障再更换,即采取修复性维修的方式;二是预防性维修,未发生故障而防止故障发生的维修。

修复性维修是在保障飞行安全的前提下,为非计划性停机而付出代价。故障维修要付出更换零件的代价 p 和停机的代价 P,单位时间内的平均代价为

$$C_\infty = \frac{p+P}{m} \qquad (4-1)$$

式中:m——平均能工作的时间。

而预防性定期维修的代价为

$$C(T) = \frac{P+[1-R(T)]P}{m_T} \qquad (4-2)$$

式中:m_T——达到一定工龄 T 时予以更换的平均能工作时间。

对于磨损型的零件,如图 4-42 所示,其 $C(T)/C_\infty$ 的最小值较为明显,而且 p/P 越小越明显,因而一般采用预防性维修方法较为经济。但对于疲劳损伤型的零件,只在 p/P 非常小时才出现明显的 $C(T)/C_\infty$ 的最小值,而且这类零件一般较贵,所以一般采用故障维修更换。

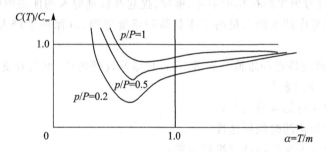

图 4-42　代价与时间度的关系线

对比分析修复性维修与预防性维修的优缺点。修复性维修成本代价小,通常是针对非致命性部件;其缺点是为非计划换件所花费的时间成本要加大,还可能会造成相关零部件的二次损伤,会造成贵重零件不可修复的高成本损失。对于预防性维修,它保障了发动机的完好性;但缺点是①不必要的维修造成浪费,②并不一定能预防某类故障,③维修也会造成拆装部件损伤,④需要大量零部件库存。

4.4.4　人机工程学分析

人机工程学是研究人、机械及其工作环境之间相互作用的学科。该学科在美国称为人类工程学(Human Engineering)或人机工程学 HFE(Human Factors Engineering),西欧国家称

为人类工效学(Ergonomics)。它是把人的特性和人的能力综合到某个系统的规划、设计、使用和维修中的一项工程技术,把人与机器看成是人与机器相互作用并完成某种功能的人机系统,可解决人机之间相互协调的问题,提高系统的使用效能和维修性。在现代航空发动机研制中,人机工程设计与分析已成为发动机的维修性设计的一个重要组成部分。

人机工程学是指机器设备设计必须符合人的各方面因素,以便在操作上付出最小的代价而求得最高效率。维修中的人机工程研究包括在维修中人的各种因素,包括生理因素、心理因素和人体的几何尺寸与装备的关系,以提高维修工作效率、减轻人员疲劳等方面的问题。维修时维修人员有良好的工作姿势、低的噪声、良好的照明、合适的工具、适度的负荷强度,就能提高维修人员的工作质量和效率。所以这也是维修性设计不可忽视的问题。

有关的一般设计准则如下:

① 设计产品时应按照使用和维修时人员所处的位置与使用工具的状态,并根据人体的量度,提供适当的操作空间,使维修人员有个比较合理的姿态,尽量避免以跪、卧、蹲、趴等容易疲劳或致伤的姿势进行操作。

② 噪声不允许超过规定标准。如难以避免,对维修人员应有保护措施。

③ 对维修部位应提供适度的自然或人工的照明条件。

④ 应采取积极措施,减少振动,避免维修人员在超过标准规定的振动条件下工作。

⑤ 设计时,应考虑维修操作中举起、推拉、提起及转动时人的体力限度。

⑥ 设计时应考虑使维修人员的工作负荷和难度适当,以保证维修人员的持续工作能力、维修质量和效率。

根据产品维修的特点和维修性要求,在进行维修性评价中,可以着重从以下 5 个方面因素做评价和权衡,主要因素有:

① 确保维修人员的人身安全;

② 改善维修和检测时的可达性;

③ 尽可能减少人为失误造成维修差错;

④ 确保维修人员工作时的姿态舒适性;

⑤ 提高维修工作的可操作性。

现代航空发动机技术先进,但结构越来越复杂,维修费用不断增长,维修人员工作负担不断加重。据 1990 年美国航空运输协会与美国政府统计局的调查结果,1980—1988 年,美国民用飞机数量增加了 36%,客英里流量增加了 65%,维修费用增加 96%,而航空维修人员仅增加 22%。先进的金属材料和复合材料要求采用先进的检测与修复手段。发动机燃油控制器和附件乃至核心机部件都开始采用以计算机为基础的交互式故障隔离与诊断方法。因此,维修人员需要完成一些新的、传统上应由航空电子工程师完成的工作,这样,对维修人员的要求就更高了。

航空发动机维修工作复杂,维修人员工作负担又较重,比较容易出现工作失误,导致出现意外的故障。美国 GE 公司对它的几种民用发动机的空中停车事件原因进行统计的结果表明,维修失误约占全部原因的 30%。要消除维修造成的故障,必须在设计中尽量减少与消除导致维修故障的隐患。

航空发动机市场不断扩大,不同用户的维修人员构成不同,技术水平不同,工作条件也不同。例如,不同国家维修人员的身体条件不同,工作时的气候条件也不尽相同,因此,对经过适当培训、工作合适并持有维修上岗证的维修人员,不能在体力等方面提出过高要求。

解决上述问题的办法是在设计中努力改善发动机维修性。在发动机维修性设计中进行人机工程分析,可以帮助设计人员确定和了解维修人员的情况与不同等级维修工作的环境,从而简化维修工作,减少因维修不当造成的故障,缩短维修周期。

美国联邦航空局(FAA)和欧洲联合航空局(JAA)在审批双发客机延程飞行 ETOPS 申请时要求对所有航线维修工作进行 HFE 分析。例如,为了使波音 B777 双发客机在投入营运之初能够获批 180 min ETOPS,在已被选装该机的三种发动机 GE90、遄达 800、PW4084 的可靠性/维修性设计中,均采用了 HFE 技术。FAA 确认了 HFE 在美国航空人机工程计划中的作用,该项计划着重提出了有关飞机检查、诊断和修复的人素要求。FAA 很可能还会对未来飞机和发动机取证提出新的 HFE 要求。

在航空发动机研制中,HFE 是维修性设计工作的一部分。如果研制过程采用并行或同期工程的先进系统工程方法,HFE 专家应参与维修性工程(ME)工作组的工作,以促进 HFE 与设计结合。HFE 专家和 ME 专家应具备外场维修、部件开发、设计及用户支援等广泛的知识与经验,共同进行任务分析和图纸设计检查。在工作过程中,他们应广泛听取用户、特别是直接从事维修操作的机械师的意见和建议,并将这些意见和建议反馈给设计部门。

如果在任务分析中提出了潜在的 HFE 影响,则需要根据不同的情况选用不同的方法对关键任务进行 HFE 分析,对后继改进工作提出建设性意见。在明确维修任务之后,需确定关键作业环节,并分析有关的问题,例如,是否具备工作通道,是否具备足够的操作空间,力量要求是否超出了维修人员的体力极限(尤其是在不舒服的姿势下),人体的各个关节是否需超出其正常的活动范围等。这些问题往往需要采用计算机进行模拟分析或者采用模型进行实验模拟,才能得到正确的结果。

进行 HFE 分析时要考虑不同的环境条件,同时还应选择合适的人体类型,以确保分析的有效性。

人体的特征与能力是人机工程考虑的核心内容,人机工程必须关心当前人口统计学指标,以保证现在的设计能适应未来维修人员的能力。

为了参与全球竞争,必须了解各国发动机维修人员的状况。各国劳动力的年龄与性别的分布和发展趋势不同,其体力与技术状况也不尽相同。例如,美国 1988 年约有 6 万名航空维修人员,其中 60% 将在 10 年内退休;与 1988 年相比,2000 年美国的劳动力构成中,25~34 岁年龄段的人员数将下降 3.5%;女性劳动力数量将有较大的增长,约占劳动力总数的 46%。

世界各国的人体尺寸和比例差别很大,联合国国际劳工局在 1989 年颁布的《国际人口测量学数据》中摘要列出了有关数据。我国国家科学技术委员会于 1992 年颁布了中华人民共和国国家标准 GB 1335—1992《机械自动化设计手册》,其中列出了我国人体尺寸参数,可用于指导人机工程分析与设计。在发动机设计早期考虑这些情况,就可以保证结构设计、维修手册、保障设备、培训工作等能适应全球的状况。

在进行人机工程分析时,通常是将维修作业预定为可以由 90% 穿着保护服的男女维修人员完成。例如,美国军用标准 MIL - STD - 1472 规定:"设计应保证至少 90% 的使用人员能进行操作和维修"。为此,将身穿不同保护服的第 5 百分位女性(身高 157 cm,体重 45 kg)和第 95 百分位男性(身高 188 cm,体重 91 kg)的人体测量特征作为最小和最大基准,并建立相应的人体模型供分析使用。图 4 - 43 给出了男女维修模型示意图。

1. 第5百分位女性用口径9.5 mm、把长190 mm的棘轮扳手(立姿、发动机装在飞机上)

2. 把95百分位男性用口径12.7 mm、把长381 mm的棘轮扳手(跪姿、发动机装在工作支架上)

图 4 - 43　男女维修模型示意图

中国人的参数是,第 5 百分位女性身高为 1.484 m,第 95 百分位男性身高为 1.775 m。该基准可以根据使用/维修人员的实际情况予以确定,分析时可根据实际情况选用一种或两种人体模型,或融合两种人体模型的有关参数建立一套模型来解决特定的问题。

对维修人员的主要限制因素包括:体力、不同操作姿势与位置时力量的发挥、维修工具、服装、身体和视觉的可达性,以及技术水平、决策能力等。HFE 分析还需考虑不同等级的维修工作所处的环境,重点是简化航线维修条件下人的活动范围、身体和视觉的可达性等。服装、照明、飞机转场停留时间等影响因素均应考虑在内。

计算机辅助人机工程技术可以说是计算机辅助设计技术的自然发展,在发动机 CAD 系统中引入二维或三维人体模型,给定已有的发动机几何模型,HFE 人员可以利用计算机大大简化分析工作。由于计算机软、硬件的高速发展,20 世纪 90 年代初期为波音 B777 研制的发动机,在研制阶段已将三维的人体模型与三维的发动机、飞机机身模型引入,采用了 CATIA (Computer Aided Three Dimensional Interactive Application)计算机软件对发动机外部管路、附件的安排,与飞机间的协调以及人机工程在维修性方面的应用等,在计算机屏幕上进行协调、评定。

　　通过计算机模拟,还可以预测在不同工作位置和姿势下维修人员力量的大小,这不仅有助于提高设计完整性,而且有助于保障设备和工作台的设计。例如,美国空军阿姆斯特朗空间医学实验室、人力资源实验室和达顿大学研究所合作开发了一个三维人体模型软件包 CREW CHIEF。这是一个有近 1 500 个物体、10 000 多个体力测量数据的数据库,在受身体、服装、姿势、相邻物与干扰物、作业类型等因素影响的条件下,可用它来评估身体可达性和进行体力分析。体力分析包括在 11 种姿势下的举、抓、推、拉物体的体力数据,根据身体、性别、姿势的不同可以计算紧固件的扳手扭矩、评估电路接头的手工装拆等。例如,CREW CHIEF 为孔探口盖设计人员提供了发动机在航线维修、搬运车上或竖立在车间里等状态下预期可用的最大与最小扭矩。在这项预测中,使用了一个简单的孔探口盖模型,它相对地面保持正确的高度和位置,针对不同性别的维修人员在不同的发动机状态下采用不同的工具进行拆装的情况,从而保证了所设计的孔探口盖无论是在飞机上还是在工作支架上都能方便拆装,并能承受最大扭矩。

　　美国 GE 公司利用航线可更换组件评估系统对发动机附件的装拆进行了真实的动态模拟,其中包括燃油调节器和附件、安装节的拆装等,所有的模拟都采用真实的保障设备或模拟操作时维修人员在实际作业过程中可能遇到的最坏情况,发动机壁面和飞机结构用浅色的聚碳酸酯板制成,以便录像分析。

　　设计人员在某型发动机初始设计阶段进行了 FADEC 的拆装模拟作业,以便确定 FADEC 与飞机舱壁的相互影响。通过模拟,发现拆装的操作空间不够,开发出了最早的手工搬运物体说明书(包括托举极限、进行故障隔离和诊断时的安装力极限和手/工具间隔等),评估了电路和发动机外部结构对接头拆装的影响,在 ME 分析中取得了精确的任务时间测量值,以及指出并证实了维修可能导致的故障情况。

　　另一种动态模拟方法是在人力工程实验室进行实验,根据要求,人机工程专家可以与实验人员一起进行大量的扳扭实验,测定新发动机结构件的扳扭精度和力量需求,从而保证至少 90% 的维修人员能在各种作业姿势下达到最小的扭矩极限,实验之前,应先测定实验人员的身高、体重、摸高、握距和标准体力,以便与其他人员的类似数据相比较。在不同的扳手类型(螺栓大小)、螺栓位置和指向(垂直、正对和侧向)、板手起始位置等条件下测定最大静态扭矩和目标扭矩精度,由此可以了解不同位置、大小和类型的紧固件对维修人员体力的要求,并确定达到要求的扳扭精度和重复性所需的培训水平。

　　综上所述,在发动机维修性设计中,采用人机工程分析技术,能简化和方便维修人员的工作以及从设计中降低和消除发生维修错误的可能性,必将在今后发动机研制中发挥重要作用。

思考题

4-1 系统维修性设计通常从哪几方面考虑?

4-2 比较航空发动机维修性设计与通用产品设计的区别。

4-3 应从哪几方面采取措施才能满足航空发动机的可达性要求?

4-4 航空发动机航线可更换组件通常有哪些?

4-5 可测试性要解决哪些方面的问题?

4-6 可修复性设计是针对什么部件?要求有哪些?

4-7 通常有哪些措施能保证防错性设计?

4-8 可运输性有哪些方式?各自的优缺点有哪些?

4-9 为什么要进行综合权衡?

4-10 不同情况下的可用度模型通常适用的范围是什么?

4-11 预防性维修和修复性维修各自适用的范围是什么?

4-12 人机工程学如何应用到产品的维修性设计中?

第 5 章　视情维修与健康管理

现代先进航空发动机的结构复杂,且在高温、大应力等苛刻条件下工作。目前,不论发动机的设计、材料和工艺水平,还是使用、维修和管理水平,都不能保证发动机在使用中不出故障。因此,现代的军用和民用飞机以及直升机都装备了复杂程度不同的发动机健康管理系统EHM(Engine Health Management)。

1981 年,SAE 32 委员会制定了发动机状态监视各类指南,颁发了 *Aircraft Gas Turbine Engine Monitoring System Guide*,推出的是发动机监视系统 EMS(Engine Monitoring System),并于 2007 年对其进行了修订,改名为 *Aircraft Gas Turbine Engine Health Management System Guide*,推出的是发动机健康管理系统 EHM。2008 年又颁发了诊断和健康管理PHM(Prognostics and Health Management),它是一项用于探查、诊断和预测发动机系统、部件或组件的性能衰减或失效的综合学科或技术,并对性能衰减和部件损伤提供了维修活动决策支持。

5.1　监视系统的功能与组成

利用发动机健康管理系统监视和管理发动机的使用、技术状态、寿命消耗和/或进一步隔离发动机故障,以提高发动机使用可靠性和飞行安全性,并在发动机的零备件、维修工时、燃油消耗、发动机利用率和完成任务率等方面获得经济效益,还可及时向设计和采购部门反馈发动机使用情况的信息。采用发动机健康管理系统是实现发动机视情维修的必要条件。

5.1.1　视情维修的作用

随着技术的不断发展,贵重并具有高复杂性的航空发动机以及系统的可靠性和可用度得以极大提高,对发动机寿命进行科学的监控管理,大幅度降低了维修成本,从而可获得较好的社会效益和经济效益。根据持续适航的要求,保证航空发动机达到性能水平、安全运行、降低使用成本等,视情维修手段就显得极为必要和重要了。

视情维修 OCM(On Condition Maintenance)来自于以可靠性为中心的维修 RCM 中的三种维修方式中的一种,用状态评估检查潜在故障,以此采取措施预防功能性故障后果的发生。视情维修基于著名的 $P-F$ 曲线,如图 5-1 所示。

大量的故障发生都有一个发展的过程,若部件与使用时间有确切的寿命关系,则对该部件进行定期报废或拆修即可。考虑到部件寿命是有分散度的,对于具有安全性故障后果的维修项目,安全寿命是按照平均寿命除以分散系数得到的,这属于定期维修。而视情维修需要定期或不定期的检查,目的是要发现潜在的故障。其手段是通过检测发动机性能状态、监测参数、孔探、磁堵及外观检查等状态监视信息,判断发动机的状态,决定所需采取的维修行为。这些潜在故障的点要能表征出来,且能被现有技术手段检测到,并采取正确的维修行为,才能避免功能故障的发生。

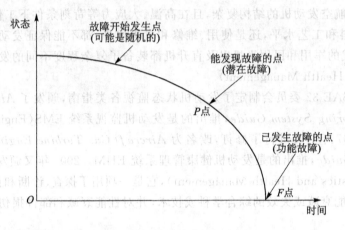

图 5-1   P-F 曲线

视情维修策略必须为航空发动机的寿命与可靠性、维修成本等有关特性之间建立安全与经济的平衡,因而研制一个发动机健康管理系统要经历论证、方案、工程研制、设计定型和生产定型阶段。其中应考虑 EHM 的功能需求、所需的投资以及在社会上(或军事上)和经济上得到的效益。图 5-2 所示为发动机监视系统复杂程度对投资回收的影响,成功 EMS 系统是可完成的功能和可得到的经济效益之间的最有利折中。

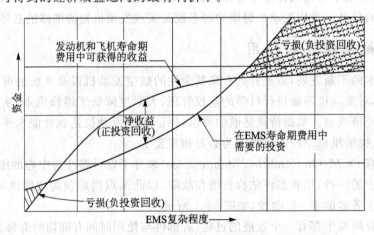

图 5-2   发动机健康管理系统的复杂程度对投资回收的影响

　　EHM 的定性效益,要求提供关于发动机健康状况的"通过"和"不通过"的判断,以保证飞机和发动机完成飞行任务。如判断为"不通过",则利用孔探等手段指出故障部位或将故障隔离到外场可更换组件,可有效地减少再次飞行准备时间,对提高飞行安全性和发动机工作可靠性有重要作用。由此带来的效益难以量化,可用加权的办法在经济效益分析中加以考虑。

　　用于 EHM 的费用和效益按以下内容计算。

1. 寿命周期费用

　　EHM 系统的费用按寿命周期费用计算,包括研制费、生产费和使用与保障费。

　　① 研制费:设计费、试制费、试验费和鉴定费。

　　② 生产费用:EHM 及其零备件费用和地面保障及数据处理设备费用。

　　③ 使用与保障费用:维修人力和器材、质量引起的飞机燃油消耗量的增加、EHM 数据的传输与处理分析所需的人力以及器材和误诊造成的不必要的发动机维修费用。

2. 经济效益

　　EHM 的经济效益可从以下几方面计算:

　　① 计划的每飞行小时维修工时的下降,其中包括对故障进行隔离所节省的时间,不必要的发动机和部件的拆换等;

　　② 减少地面试车而节约的燃油、人力和试验设备损耗等费用;

　　③ 提供视情维修能力,避免不必要的修理,提高发动机和单元体的利用率,而减少备件数量;

　　④ 早期确定发动机的工作异常,减少发动机二次损伤;

　　⑤ 早期确定机队的发动机非正常的性能衰退,合理使用发动机而节约的燃油;

　　⑥ 预报和按维修能力计划维修。

　　发动机利用率和备件计划的改进在做经济效益分析时可用加权的办法加以考虑。

5.1.2　EHM 系统的功能

　　EHM 系统的功能按其复杂程度可完成下述全部或部分功能:

　　① 提供飞行中或地面上出现的事件数据,并向空勤机组和地勤人员告警。存储事件前后飞机和发动机的有关数据供飞行后对事件进行分析。

　　② 利用测量参数确定飞行剖面和发动机在最大状态和中间状态的工作时间以及油门动作情况,用以评定发动机使用的苛刻程度;这些数据还可用来收集和建立载荷谱。

　　③ 提供累计信息,如发动机工作小时、启动次数、循环次数、蠕变和磨损等,用以确定发动机寿命消耗,并据此提出零部件剩余寿命的使用计划。

　　④ 提供发动机可调整部位的数据,当数据偏离规定值时提供进行修正所需的调整量。

　　⑤ 利用气动热力参数、振动和滑油等监视所提供的信息对发动机进行监视和诊断,并验

证调整和修复的正确性。

⑥ 发动机健康管理系统数据可支持发动机的管理和后勤决策,还可向订购部门、飞机和发动机设计及制造部门以及设备供应部门反馈信息,用以改进产品的使用与维修以及产品的设计与制造。

发动机健康管理可分为短期、中期和长期监视三种类型。短期监视是对每次飞行或地面试车数据进行监视,发动机参数超限时应及时告警,并记录事件发生前后的有关参数,通过维修面板提示给地勤人员。中期监视是对一段时间内发动机参数和状态的变化进行监视,包括事件分析、气路性能分析、趋势分析、附件监视、无损检验和试验等。长期监视能给出发动机性能衰退和寿命消耗的情况。

视情维修 OCM 就是根据发动机的实际情况(也即健康情况),决定采用何种维修措施的维修方式。这样可以对症下药,减少不必要的拆换发动机或单元体,从而能大大提高发动机的利用率,减少总的维修费用;还因故障及故障部位能及时查出进行维修,大大提高了发动机的可靠性。为了使发动机具有较好的视情维修能力,需要有各种能对发动机进行状态监视的手段。

所谓状态监视是指通过各种手段对装机的发动机进行定期的内、外部情况检测与分析,以了解发动机的健康状况,从而便于做出维修工作决断的方法。发动机的状态监视常与故障诊断结合起来。根据统计,在复杂系统的有效维修时间内,对故障的检测和隔离占 60%,拆卸和重装占 25%,调整和检查占 15%。可见,缩短用于故障诊断的时间是非常重要的。对发动机的健康监视,也是为了及时发现故障与故障征候,以便及时采取相应的维修措施。

航空发动机的故障大多是逐渐发展的,发展过程中有很多征兆,因此是可以监视和诊断的。由于发生故障的部位不同、征兆不同、故障性质和原因不同,因此必须采用不同的方法进行监视和诊断。根据对监视功能的要求和发动机型号的不同可选择一种或一种以上的手段。

1. 监视事件的选择

为保证飞行安全,需要 EMS 机载部分实时监视发动机及其部件的工作状态,具体体现为监视发动机的各种事件。选择监视事件的原则如下:

① 发动机可能出现的工作不正常事件,如超温、超转等。

② 表征发动机重要工作状态或工作状态转换的事件,如加力接通、发动机防冰系统接通等。

所选择的事件涉及发动机和部件性能、振动、滑油系统以及发动机寿命监视。它们可以分为以下几大类:

① 监测参数的超限检查;

② 启动过程检查;

③ 起飞推力检查;

④ 控制规律检查;

⑤ 熄火检查；

⑥ 加速事件检查；

⑦ 开关量检查；

⑧ 发动机状态判断；

⑨ 寿命监视。

2. 监视事件的检测和记录

当发生监测参数或其导出参数超过规定极限值时,自动记录事件发生前若干秒到事件后若干秒的参数值,实用中有的系统记录事件前 5 s 到事件后 35 s 的参数值。对于连续超限的事件,还应记录超限最严重时的超限值和持续超限的时间。在一次飞行中若有多个事件发生,每个事件的记录内容均应保存在非易失存储器中,以便地勤人员查询。事件记录也可应驾驶员请求而进行,为此在座舱中应设有事件记录按钮。

3. 发动机监视维修面板和故障隔离专家系统

对于检测出的发动机事件及驾驶舱告警信息,将通过监视/维修面板,或发动机指示和机组告警系统等的显示通知地勤人员,应将事件和告警编成易于理解的代码,该代码对应故障隔离专家系统的事件代码或手册中的章节,以便地勤人员进行故障分析和确定维修措施。

国外发动机制造商都向用户提供故障隔离手册。该手册以故障为顶事件,依次列出查找故障的顺序。这种手册为外场维修人员查找故障提供了非常有效的指导,因此应编制故障隔离手册。故障隔离手册主要由发动机的设计单位提出初稿,并在研制和使用的实践中逐步完善。随着人工智能的发展,可将发动机的故障隔离手册发展成故障隔离专家系统。

4. 健康管理的方法

航空燃气涡轮发动机是一个复杂的机械产品,涉及很多学科,如气体热力学、流体力学、结构力学、传热学、声学、燃烧学和控制理论等。对这种复杂的机械产品进行健康管理需要多种不同的方法和技术。实际应用中按照功能 EHM 可分为以下四种基本方法:

① 气路分析,又称发动机性能监视；

② 滑油监视；

③ 振动监视；

④ 使用寿命监视和管理。

主要有以下三种手段:

(1) 性能监视和故障诊断

利用测量的气动热力参数,如发动机气路中各主要截面的总温、总压、静压、发动机转子转速和燃油流量等来分析发动机及部件的性能水平与性能衰退程度,并可将气动热力参数反映的故障隔离到气路部件或单元体及有关的子系统中。发动机气路部件及相关子系统发生故障时,故障部件的效率(或总压损失)和流通能力将发生变化,导致沿发动机气路的气动热力参数和发动机性能参数变化。因此,性能监视和故障诊断的目的就是利用实测的气动热力参数、性能参数和可调几何部件的位置来监视发动机、气路部件及其相关子系统的技术状态和性能衰退程度。当发现工作异常或发生故障时,分析故障原因并及时告警。

(2) 机械状态监视和故障诊断

利用测量的振动数据、滑油参数以及对滑油中所含屑末的检测和分析结果等来监视发动机结构系统各部件的健康状况。振动分析主要用于监视转子系统的机械状态,利用振动信号的频谱分析和响应特性分析可诊断故障部位。滑油监视主要用于监视滑油系统本身以及与滑油接触的轴承、齿轮、传动轴、燃油滑油散热器等的健康状况,并可将故障隔离到这些部件上。

低循环疲劳和蠕变/应力断裂监视用来跟踪发动机限制寿命零件的使用情况,确定它们的剩余寿命,以便进行零件的寿命管理。

(3) 无损检测和试验

利用专用设备探查发动机零、部件的机械损伤,一般只做地面检测用。最广泛使用的是孔探检查。其他还有涡流检测,同位素照相检查、液体渗透检查以及声学检测等。孔探检查是利用类似医用胃镜的内窥装置,通过在发动机机匣特定位置上的孔探座孔插入发动机内部,观察诸如工作叶片、静子叶片、喷油嘴、火焰筒等关键部位是否有裂纹、烧伤、挠曲变形、掉块、积碳等现象。窥镜头部带有光源并可随检查者的操纵改变方向,以便清晰、大范围内地观测。由于窥镜是通过机匣上的小孔深入发动机内部的,因此,这种检查一般称为孔探检查,该装置也称为孔探仪。

5.1.3 EHM 系统的组成

发动机健康管理是一项用于探查(监视)、诊断和预测发动机系统及设备的一部分、部件或组件的性能衰减或失效的综合学科或技术,并对性能衰减提供维修活动或决策支持。

多年实践证明,发动机健康管理系统能有效地改善发动机性能,提高发动机的使用可靠性和安全性,显著改进发动机的维修工作,从而大大降低发动机的使用和维修保障费用。EHM系统的主要关注点是早期检测故障,确认它们的真实性,隔离故障源,确定必要的使用运行方式和维修工作,并确保在该故障演变成失效和/或运行计划被中断之前完成这些工作。

因此,EHM 系统已成为军用和民用航空燃气涡轮发动机不可缺少的组成部分。表 5-1 列出了三个主要航空发动机制造商研制的发动机健康管理系统。

由表 5-1 可以看出,三个航空发动机制造商不同时期研制的健康管理系统,以及它们适用的机型。例如,从 PW 公司早期的发动机状态监视 ECM(Engine Condition Monitoring)系统,具有有限监视能力,发展到现在的 EHM 系统,扩展了对发动机监视能力,通过采集更多的数据,增强了对发动机的视情维修能力。

表 5 - 1　三个航空发动机制造商的健康管理系统

发动机制造商	系统名称（早期）	诊断水平	系统名称（现在）	系统名称（研制）	诊断水平	适用机型
PW	ECMII	发动机	EHM	ADEM	发动机及单元体	PW4000、JT9D、V2500 等
	TEAMIII	单元体				
	MAPIII	单元体，试车台用	MAPNET		单元体，试车台用	
GE	ADEPT	发动机	SAGE		发动机及单元体	CF6、GE90、CFM56 等
	GEM	单元体				
	TEMPER	单元体，试车台用				
RR	COMPASS 或 COMPASS—Navigator	发动机	EHM		发动机及单元体	RB211、遄达等

图 5 - 3 所示为 PW 公司研制的先进诊断和发动机管理 ADEM(Advanced Diagnostics & Engine Management)系统的结构图。

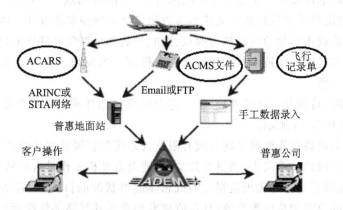

图 5 - 3　发动机健康管理系统

由图 5 - 3 可知,ADEM 系统从过去的仅具监视能力扩展到了可对发动机进行故障诊断能力,增强了数据管理与分析能力。它可以把飞行中发动机的相关数据通过飞机状态监控系统 ACMS(Aircraft Condition Monitoring System)及飞机通信寻址和报告系统 ACARS(Aircraft Communications Addressing and Reporting System)实时传回到地面,通过地面站的数据处理中心进行分析,从而提前做好备件、维修设备、工具和维修人员的准备,以实现飞机到达后及时对发动机进行快速维修的目的。减少停场时间,保证航班正点率。

发动机管理系统包括数据采集、数据传输、数据分析、数据记录等。数据采集单元将所采集的开关量、数字量和模拟量送入计算机。发动机数据处理和管理单元是机载发动机数据管理、处理、计算和分析的重要单元,它主要完成以下功能:接收由发动机数据采集单元传输来的数据,也接收飞机数据处理单元传输来的有关飞机的参数;完成数据处理,如按各种规定的算法,计算并确定发动机超限状态和设置告警信息,在更换飞机、发动机时重新设置存储器中的数据等;确定飞行模式,以便触发各种与飞行航段、飞行条件有关的计算、告警、显示等;监测参数的有效性检查;对各种记录器进行管理,按规定把数据送入各记录器,把需要在驾驶舱显示的发动机信息送入飞机数据处理单元;组织系统自检,隔离系统的软硬件故障。

地面站计算机系统进行数据处理、管理和分析,其内容包括:数据有效性检查、各功能模块中的趋势分析和故障诊断算法、使用寿命各种指标的算法、生成用户报告、数据库管理和绘图等,用来监视发动机的健康状况,发现异常情况时进行故障隔离。

5.2 性能监视和故障诊断

5.2.1 目的和功能

发动机气路部件及相关子系统发生故障时,故障部件的效率(或总压损失)和流通能力将发生变化,导致沿发动机气路的气动热力参数和发动机性能参数变化。因此,性能监视和故障诊断的目的就是利用实测的气动热力参数、性能参数和可调几何部件的位置来监视发动机、气路部件及其相关子系统的技术状态和性能衰退程度。当发现工作异常或发生故障时,分析故障原因并及时告警。

发动机故障,特别是气路部件故障,一定会反应在部件或发动机性能上,所以这种诊断方法使用广泛,如图 5-4 所示。

按监视能力可将性能监视系统分成有限监视系统和扩展监视系统两类。前者的测量参数只局限于飞机座舱的显示仪表,测量参数少,只能对发动机工作是否正常和部分气路故障作出判断,故有限监视系统只能实现监视发动机总体健康状况的目的;后者增加了测量参数,如发动机主要截面的总温和总压等参数,具备监视发动机及其气路部件性能衰退,并将故障隔离到"部件级",因此,扩展监视系统可以实现性能监视和故障诊断的目的。

机载性能监视的功能主要是超限监视及告警。地面站监视可实现下列全部功能或部分功能:

① 发动机测量参数机载记录数据的卸载和转储;

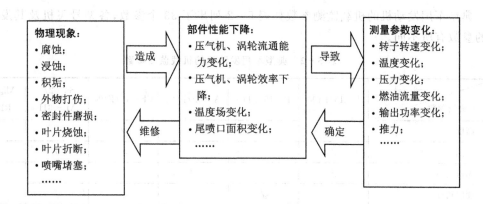

图 5－4　性能故障发生与诊断

② 原始记录数据处理包括数据有效性检查、基线和偏差计算、数据平滑和初始化等；

③ 同一架飞机上各发动机的参数对比；

④ 趋势分析；

⑤ 故障隔离与分析，如单元体性能分析；

⑥ 性能裕度监视，如起飞排气温度裕度监视、滑油耗油率监视等；

⑦ 预测发动机测量参数变化；

⑧ 保存有保留价值的发动机历史记录，包括原始记录和监视、诊断结果。

5.2.2　测量参数选择和数据采集准则

实现性能监视必须的基本的测量和监视参数如下：

① 飞机测量参数　马赫数、飞行高度、指示空速、大气温度和/或发动机进气总温。

② 发动机直接测量参数　油门杆角度、转子转速、排气温度、风扇和压气机可调静子叶片角度、喷管调节位置、燃油流量、扭矩、发动机压比 EPR。

③ 发动机间接或组合测量参数　用发动机压比表示的推力。

④ 开关量　功率提取状态、引气状态等。

为使系统具有故障隔离功能，可增选的测量和监视参数包括发动机各截面的总温、静压和/或总压，应视发动机具体结构形式和待诊断的故障而定。为保证参数测量具有高的重复性，应根据监视系统的功能来规定数据采集的准则。

对于利用飞机和发动机稳定状态数据进行监视和诊断的方法，如趋势分析、单元体性能分析等，必须满足稳定状态准则。建议采用民用飞机在自动油门关闭且至少稳定工作 3～5 min 后记录的数据。军用飞机可根据飞行特点，在稳定状态确定采集数据。

在起飞状态采集的数据用于发动机排气温度裕度监视，通常选择飞机起飞过程中排气温度达到第一个峰值的时刻作为采集数据的状态准则。

　　典型军用发动机的机载监测参数如表 5－2 列出了 33 个参数，各型号飞机及其发动机选择的参数有所不同。

表 5－2　典型军用发动机的机载监测参数

测量参数 ＼ 型号	F—15/F100	F—15/F110	A—6F/F404	CF—18/F404	Su—27/AL—31F	Mig—29/RD—33
高度	✓	✓	✓	✓	✓	
空速	✓	✓	✓	✓		
飞机质量	✓		✓			
油门角度	✓	✓			✓	✓
低压转子转速	✓	✓	✓		✓	✓
高压转子转速		✓	✓	✓	✓	✓
发动机进口温度		✓	✓	✓	✓	✓
发动机进口压力						✓
压气机出口压力	✓	✓	✓	✓		✓
风扇出口压力变化			✓			
涡轮出口压力						✓
燃气排气温度			✓	✓		✓
涡轮叶片温度						
喷口面积					✓	✓
振动	✓		✓	✓		
进口导流片角度		✓			✓	
可调静叶角度	✓				✓	
加力燃油流量		✓		✓		
主燃油流量	✓		✓	✓		
滑油油面高度		✓		✓		
滑油压力	✓					
滑油温度	✓	✓				✓
滑油金属屑传感器						✓
发动机滑油箱油量						✓
加力火焰探测器		✓				
燃油泵进口温度	✓				✓	✓
燃油总管压力	✓					✓

型　号 测量参数	F—15/F100	F—15/F110	A—6F/F404	CF—18/F404	Su—27/ AL—31F	Mig—29/ RD—33
副油路燃油压力						√
燃油滤压差						√
防冰活门位置		√		√		
防冰系统空气压力						√
发动机喘振信号器						√
辅助动力装置的排气温度						√

典型的罗罗公司民用发动机监视系统 COMPASS 的机载监测参数如表 5 - 3 所列。

表 5 - 3　典型的罗罗公司民用发动机机载监测参数

巡航状态			起飞状态		
序　号	监视参数	参数定义	序　号	监视参数	参数定义
1	DTGT	排气温度的偏差值(℃)	1	TGT_S	SLOATL 时的 TGT 值(℃)
2	DN1	风扇转速的偏差值(%)	2	N1_S	SLOATL 时的 N_1 值(%)
3	DN2	中压转子转速偏差值(%)	3	N2_S	SLOATL 时的 N_2 值(%)
4	DN3	高压转子转速偏差值(%)	4	N3_S	SLOATL 时的 N_3 值(%)
5	DFF	燃油流量的偏差值(%)	5	TGT_MSL	TGT 裕度的平滑值(℃)
6	DTGT_L	DTGT 的平滑值(℃)	6	N1_MSL	N_1 裕度的平滑值(%)
7	DN1_L	DN1 的平滑值(%)	7	N2_MSL	N_2 裕度的平滑值(%)
8	DN2_L	DN2 的平滑值(%)	8	N3_MSL	N_3 裕度的平滑值(%)
9	DN3_L	DN3 的平滑值(%)	9	TGT_MWL	TGT 裕度的最坏值(℃)
10	DFF_L	DFF 的平滑值(%)	10	N1_MWL	N_1 裕度的最坏值(%)
11	OIP	滑油压力(Pa)	11	N2_MWL	N_2 裕度的最坏值(%)
12	OIT	滑油温度(℃)	12	N3_MWL	N_3 裕度的最坏值(%)
13	VB1	振动 1 低压转子振动			
14	VB2	振动 2 中压转子振动	注:SLOATL　海平面外界大气温度极限; 　MSL　海平面; 　MWL　最坏情况。		
15	VB3	振动 3 高压转子振动			
16	BB	振动总量			
17	AOC_L	滑油消耗量平滑值(kg/h)			

可以看出,监测时段分为巡航和起飞两种状态,这两种状态代表了典型的稳态飞行和过渡

态情况。巡航参数中前 10 个为偏差值,用 D 表示。

5.2.3　基线模型和偏差量计算

一台发动机即使在正常工作时测量参数也会随飞行条件、环境条件、发动机工作状态以及飞机引气量和功率提取量而变化;对于装有防喘放气、涡轮主动叶尖间隙控制和可调涡轮冷却空气的发动机,测量参数还随这些系统的工作状态而发生变化,因此不可能直接用测量参数值来判断发动机的健康状况。为此,应建立基线模型以提供上述各种使用条件下代表发动机正常工作的参数值。利用测量参数偏离其基线值的偏差量作为发动机监视和故障诊断的依据。

基线模型由发动机设计和制造部门编制,可用以下几种方法获取:

① 利用同型号多台无故障发动机的多次试车数据进行统计;

② 用发动机数值模拟计算;

③ 利用同型号多台无故障飞行实验数据进行统计。

基线模型通常用换算参数表示。下面给出一种实用的基线模型。

发动机的测量参数为进气总温 T_{t2} 和进气总压 P_{t2}(注:根据发动机各截面序号命名规则,下标表示进气口为 2,风扇出口为 23,高压压气机出口为 3 等),转速 N_1 和 N_2,风扇出口总温 T_{t23} 和总压 P_{t23},压气机出口总温 T_{t3} 和静压 P_{s3},排气总温 T_{t7} 和总压 P_{t7},燃油流量 W_f 和压气机静子叶片角度 β,它们的换算参数分别表示如下:

➤ 换算转速:N_1/θ_{t2}、N_2/θ_{t23};

➤ 换算温度:T_{t2}/θ_{t2}^a、T_{t3}/θ_{t2}^b、T_{t7}/θ_{t2}^c;

➤ 压比:P_{t23}/P_{t2}、P_{s3}/P_{t2};

➤ 换算燃油流量:$W_f/\theta_{t2}^d \delta_{t2}$。

对于不同发动机型号,指数 a、b、d 的取值不同。θ_{t2} 和 θ_{t23} 分别为 T_{t2} 和 T_{t23} 同海平面标准大气温度之比。δ_{t2} 为 P_{t2} 和海平面标准大气压之比。对于每一个测量参数的换算参数(用 Y_C 表示),对应测量状态下的基线值可用下式计算:

$$Y_{C,B} = Y_{C,BB} + \Delta Y_{C,1} + \Delta Y_{C,2} + \Delta Y_{C,3} \tag{5-1}$$

式中:$Y_{C,BB}$——基线的基准值,它是飞行马赫数 Ma 和发动机压比 EPR 的函数,即

$$Y_{C,BB} = f(Ma, \text{EPR})$$

计算 $Y_{C,BB}$ 的条件如下:

① 飞机引气、防喘放气和涡轮机匣主动间隙控制活门关闭,可调涡轮冷却空气活门处于海平面名义位置;

② 名义的发动机功率提取;

③ 压气机静子叶片调节规律符合名义的变化规律;

④ 发动机安装在发动机短舱中,有进气道损失;

⑤ 无故障新发动机的平均参数。

$\Delta Y_{C,1}$——引气量修正,包括飞机引气、防冰引气和防喘放气。

$\Delta Y_{C,2}$——涡轮机匣主动叶尖间隙控制引气量和可调涡轮冷却空气量修正。

$\Delta Y_{C,3}$——雷诺数影响修正。

偏差量可由下式计算:

$$\Delta Y_C = Y_{C,R} - Y_{C,B} - \Delta Y_{C,i} \qquad (5-2)$$

式中:$Y_{C,R}$——实测参数的换算参数;

$\Delta Y_{C,i}$——初始值,它是 EPR 的线性函数,由发动机在飞机上安装后最初的 20 个航班的偏差量($Y_{C,R}-Y_{C,B}$)经线性回归方法求得。

必须指出:在本例中,偏差量用换算参数计算,而在另一些发动机监视系统中,采用参数物理量计算偏差量。

5.2.4　状态监视

针对飞行中实测发动机参数,根据基线模型得到偏差值,通过超限监视、参数对比、趋势分析等方法,对发动机进行状态监视。

1. 超限监视

超限监视是发动机监视系统中基本的、不可缺少的方法,通常作为机载发动机事件监视的一部分。其方法是检查发动机测量参数偏差量以及由测量参数导出的组合量是否超出规定限制值,据此监视发动机是否健康。显然,偏差量越大,发动机健康状况越差。

当发动机参数满足以下任一条件时,发动机性能控制部门需发出告警通知,工程技术部门应制订维修预案:

① B777/GE90 发动机的起飞排气温度 EGT(Exhaust Gas Temperature)裕度低于 10℃;

② B737/CFM56 发动机的起飞 EGT 裕度警戒值为 50℃;

③ A320/V2500 发动机的起飞 EGT 裕度警戒值为 20℃;

④ B737/CFM56 和 B777/GE90 发动机性能趋势 DEGT 持续上升超过 10℃或 EGTM 持续下降超过 10℃,其他参数趋势 DFF、DN2 等相应变化;

⑤ B757/RB211 发动机 DEGT 值持续下降超过 10℃;

⑥ B737/CFM56 发动机的巡航参数 DN2 趋势值达到+1.5%。

超限监视要求如下:

① 应对全部飞行过程实现超限监视;

② 当超限发生时,应记录超限事件;

③ 各参数的极限值的确定应考虑发动机工作状态和飞行条件的影响;

④ 当超限事件发生时机载监视系统应及时在驾驶舱中发出视觉和/或音响/语音告警,对重要监视参数可采用二级告警;

⑤ 机载超限告警系统必须具备自检和排除传感器故障的能力,防止漏报或虚警。

2. 参数对比

参数对比是一种短期监视方法,适用于装有多台发动机的飞机。比较飞行中同一时刻记录的各台发动机的同名参数及其变化趋势。这种方法可以避免飞行条件、环境条件、热平衡、数据换算到标准状态等方面引起的误差,快速发现发动机工作异常。通过对比趋势图,对一架飞机上两台发动机的排气温度、燃油流量、高压和低压转子转速偏差量以及滑油和振动参数的比较。另一种参数对比方法是直接计算和比较各台发动机同名实测参数之间的差异,而且将各台发动机参数修正到同一油门状态后再进行比较。

3. 趋势分析

趋势分析是发动机性能监视的基本方法。利用测量参数的偏差量,绘成偏差量随航班日期变化的趋势图,见图5-5。地面人员参照部件故障-参数偏差量的范例(也称指印图或脚印图)来解释趋势图上各偏差量的不同变化趋势和分析可能发生故障的部位,并提出应进行孔探检查部位的建议。

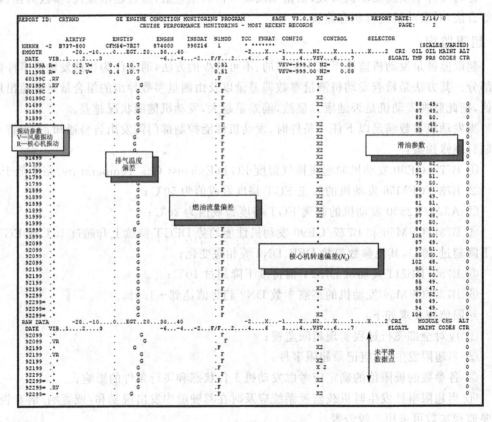

图 5-5 监视参数趋势图

图 5-5 所示是 GE 公司发动机监视系统 SAGE(System for the Analysis of Gas turbine Engines)的典型趋势图，该图是波音 B737—800/CFM56—7B 发动机典型的巡航状态参数趋势图。图中上部分数据是平滑处理后的监视参数值，从中可以看出监视参数的变化趋势；下部分数据是最后 10 个航班的未平滑数据，用来监视突发故障。趋势图上数据从左到右依次为航班日期、风扇振动量 V、核心机振动量 R、排气温度偏差量 G、燃油流量偏差量 F、核心机转速偏差量 N_2、滑油温度值、滑油压力值等数据。同时，也可列出发动机做过维修工作的维修代码，以便在分析趋势变化时考虑所做维修工作的影响。

4. 平滑方法

采用指数平滑方法，对原始数据进行平滑值计算公式如下：

$$Y_{S,n} = Y_{S,n-1} + \alpha(Y_{R,n} - Y_{S,n-1}) \tag{5-3}$$

式中：α——系数，$0<\alpha<1$。取小的 α 值可有效地滤去随机误差，但需经过较长时间才能反映参数的真实变化。建议 α 的取值范围为($0.2\sim0.4$)。

$Y_{R,n}$——当前点的原始记录值。

$Y_{S,n-1}$——前一个点的平滑值。

为使平滑值更及时反映参数的突发变化，一种改进的指数平滑方法计入了参数斜率变化项。

六点平滑是移动平滑方法之一。该方法取当前点及其前 5 个点共 6 个点进行平滑计算。平滑过程是将这 6 个点的原始值按大小排队，去掉最大的和最小的两个，余下的 4 个点取算术平均作为当前点的平滑值。

统计平滑方法是建立在数理统计基础上的一种平滑方法。它的突出优点可以避免因平滑而将发动机突发故障忽略掉的问题，比较好地解决了突发故障与粗大误差的问题。该方法取当前点及其之前的 10 个点共 11 个点的原始值进行平滑计算。具体过程和使用的计算方法如下：

① 平滑计算开始时，以前 10 点构成数据序列；

② 计算数据序列的均值和标准差；

③ 由 S 和 n 查数理统计"t 分布表"可获得 95% 的置信区间；

④ 剔除粗大点。

每个点的原始值与置信区间相比较，将不在置信区间内的点从数据序列中除去，用余下的数据点再求新的均值、标准差和 95% 的置信区间。重复这一过程直到所有数据点均在置信区间内或仅剩 3 个点为止。

将当前点的原始值 $Y_{R,n}$ 与最终置信区间比较，如果当前点落在置信区间内，将当前点原始值 $Y_{R,n}$ 与最终均值 Y 进行加权平均求得当前点的平滑值 $Y_{S,n}$；如果当前点位于置信区间之外，则不能求出当前点的平滑值，将用该点的原始值绘制趋势图，并在图中作标记以示区别。

经如此平滑处理，如果当前点由粗大误差而导致其在置信区间外，将不会影响其后续点的平滑计算。如果当前点的突变是由发动机突发故障所致，那么当这种突变又连续出现几次后便会使以后的点成为置信区间内的点，这样便可看出突变趋势。

基线模型提供同型号发动机测量参数和性能参数的名义值。由于制造公差、安装影响、仪表系统误差等原因，即使是全新的无故障发动机也不可能完全与基线相符合。需借助于每一台具体发动机在正常工作时的测量值与基线值之差，即初始值来消除上述各因素造成的影响。将求初始值的过程称为初始化。

通常采用的初始化方法是：利用每台发动机安装到飞机上最初的若干次(不少于 15 次)有效飞行记录计算出各次的测量值与基线的差值，从中选取 5～10 个日期接近且分散度较小的有效偏差量，用其算术平均值作为初始值。

当对发动机进行某些导致监视参数变化的维修工作(例如，更换仪表、气路清洗、可调几何机构调整等)时，应根据维修经验确定重新初始化的必要性。

5.2.5　稳态性能故障诊断方法

性能诊断方法是针对典型气路部件稳态和过渡态的性能分析，以及测量数据的有效性检查等，可根据被监视发动机特点及使用部门的监视功能需求有选择地使用。

图 5-6 给出一种发动机在各种给定的部件或系统不正常工作时典型的参数偏差图(指印图)，图上绘有排气温度、燃油流量、高压转子转速的偏差量 ΔEGT、ΔFF、ΔN_2。图中数据对

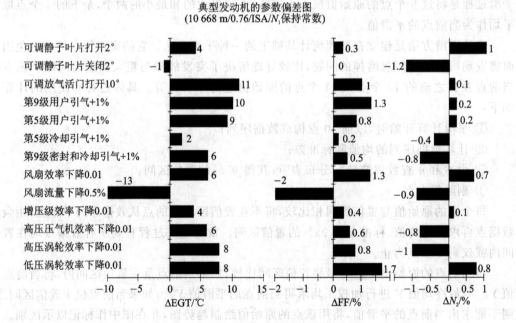

典型发动机的参数偏差图
(10 668 m/0.76/ISA/N_1 保持常数)

图 5-6　部件故障——参数偏差量的范例

应巡航高度 10 640 m、巡航马赫数 0.76、标准大气条件及保持风扇转速为常数。发动机设计和制造部门应在使用部门的协助下,收集发动机及测量系统故障案例,并整理成册,帮助维修人员进行趋势分析。

从图 5-6 中可以看出故障共 13 个,还有未列出的,如涡轮叶尖间隙控制等。以 4 个监测参数隔离 13 个以上故障显然是不可能的,只能给出多种可能性。

① 由于测量参数少于故障数,理论上不可能得出唯一解;

② 增加测量参数数目,实际上有很多限制,如涡轮前温度太高难以测量,测量参数增加,传感器成本增加和出现故障的几率;

③ 要利用一切可以利用的信息,如可调几何部位燃油控制器的输出,还可利用专用传感器,如静电粒子传感器。

扩展性能监视系统具有更多的测量参数,依据发动机在稳定工作状态时记录的这些测量参数,利用气路分析方法可求得气路部件性能参数变化的估值,据此可绘出各部件性能变化的趋势图,分析各部件性能变化的量值大小和变化趋势可将故障隔离到气路部件。

发动机在已知飞行高度、马赫数和油门状态下稳定工作时,测量参数和气路部件性能参数之间满足下列关系式:

$$Z = H_e X_e + H_s X_s + \theta \tag{5-4}$$

式中:Z——测量参数偏差的向量;

$\quad X_e$——待诊断的发动机气路部件(或单元体)性能参数变化的向量,如部件效率或总压恢复系数,折合流量或流通面积的变化量;

$\quad H_e$——部件性能参数对测量参数的影响系数矩阵;

$\quad X_s$——测量系统误差的向量;

$\quad H_s$——测量系统误差对测量参数的影响系数矩阵;

$\quad \theta$——测量系统测量不重复性所引起的噪声向量。

故障诊断问题是已知向量 Z,求向量 X_e 和 X_s。

不同的气路分析算法,其目的都是对部件及其相关子系统的性能变化进行估值。各种算法所面对的难题是如何排除测量不确定度的干扰和如何用不多的测量参数去准确推算众多的、可能发生故障的部件及其相关子系统的性能变化。

用监测参数的变化规律与指印图对比进行故障诊断隔离,如图 5-7 所示。

从图 5-7 可以看出趋势特征:排气温度、燃油流量、高压转子转速全呈上升趋势。参照指印图可知应是第 1 类故障:可调静叶失调。

表 5-4 是 GE 公司向用户提供的安装于波音 B737 飞机上的 CFM56—3 发动机趋势监视维修措施,它指出了监视中发现的参数变化、可能发生的原因和建议采取的维修措施。

表 5-4 中 VSV(Variable Stator Vane)为可调静子叶片,VBV(Variable Bleed Valve)为可调放气活门。该表指出了根据监视参数 ΔEGT、ΔFF 和 ΔN_2 的不同变化情况,推断可能发

生的原因,提出建议采取的维修措施。

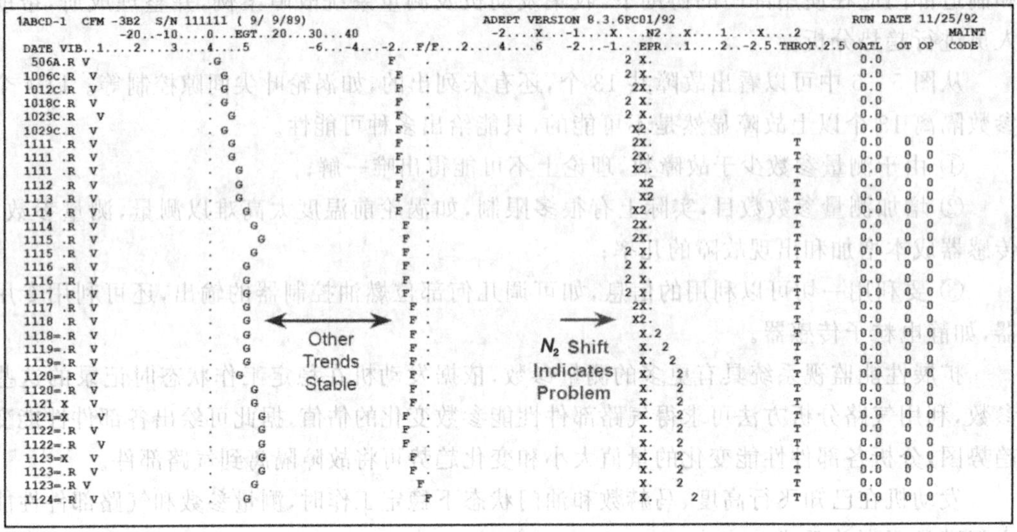

```
1ABCD-1  CFM -3B2  S/N 111111 ( 9/ 9/89)          ADEPT VERSION 8.3.6PC01/92              RUN DATE 11/25/92
          -20..-10...0..EGT..20...30...40       -2..X...1....1...N2..X....1....X..2                        MAINT
DATE VIB..1....2....3....4....5   -6..-4....-2..F/P..2....4....6  -2..-1..EPR...1....2..-2.5.THROT.2.5 OATL  OT OP CODE
 506A.R V           .G                      F              2 X.                 0.0
1006C.R  V          . G                     F              2X.                  0.0
1012C.R  V          . G                     F              2X.                  0.0
1018C.R  V          . G                     F              2X.                  0.0
1023C.R  V          . G                     F              2 X.                 0.0
1029C.R  V          . G                     F              X2.                  0.0
1111 .R V           . G                     F              2X.          T           0  0
1111 .R V           . G                     F              2X.          T           0  0
1111 .R V           . G                     F              2X.          T           0  0
1112 .R V           . G                     F              X2           T           0  0
1113 .R V           . G                     F              X2.          T           0  0
1114 .R V           . G                     F              X2.          T           0  0
1114 .R V           . G                     F              2X.          T           0  0
1115 .R V           . G                     F              2 X.         T           0  0
1115 .R V           . G                     F              2 X.         T           0  0
1116 .R V           . G                     F              2 X.         T           0  0
1116 .R V           . G                     F              2 X.         T           0  0
1117 .R V           . G                     F              2 X.         T           0  0
1117 .R V           . G                     F              X2.          T           0  0
1118 .R V           . G                     F              X2.          T           0  0
1118-.R V           . G           <-->      F              X. 2         T           0  0
1119-.R V           . G                     F              X. 2         T           0  0
1119-.R V           . G                     F              X. 2         T           0  0
1120-.R V           . G                     F              X. 2         T           0  0
1120-.R V           . G                     F              X. 2         T           0  0
1121 X V            . G                     F              X. 2         T           0  0
1121-X              . G                     F              X. 2         V
1122-.R V           . G                     F              X. 2         V
1122-.R V           . G                     F              X. 2         V
1123-X              . G                     F              X. 2         T
1123-.R V           . G                     F              X. 2         T
1123 .R V           . G                     F              X. 2         T
1124-.R V           . G                     F              X. 2         T           0.0
```

Other Trends Stable N_2 Shift Indicates Problem

图 5-7　可调静叶调整规律异常的趋势图

表 5-4　CFM56-3 发动机基于监视参数的维修监视措施

ΔEGT/℃	ΔFF/%	ΔN₂/%	可能原因	维修措施
−10~10	−1~1	−0.5~0.5	—	不需采取措施
−10~10	−1~1	<−0.5	VSV 开	检查 VSV 装配 仔细查看 CIT 冷转换
−10~10	−1~1	>0.5	VSV 关	检查 VSV 装配 仔细查看 CIT 热转换
10~20	1~2	0~0.5	过量引气或漏气 低压系统性能衰退	仔细检查活门故障 孔探 LPT，检查风扇及进排气区域
>20	>1.5	0.5~1.5 0~0.5	VBV 开 低压系统性能衰退	VBV 故障检查 孔探 LPT，检查风扇及进排气区域
>20	>1.5	−0.8~0	HPT 性能衰退 HPC 性能衰退	孔探 HPT 孔探 HPC

5.2.6　过渡态性能分析

　　利用起飞航段记录的发动机从慢车到起飞状态的过渡态数据,根据发动机加速过程中被监测参数随时间变化的曲线,通过曲线对比和特定时刻瞬态值的阈值检查来判断气路部件和燃油控制系统故障。这种系统对于军用发动机具有特殊的意义,因为战斗机很难找到每次飞行任务都重复执行的稳态飞行过程。过渡态性能分析比稳态性能分析更为复杂,也更困难。

许多燃油系统和燃烧问题可以从启动性能的变化上看出,在发动机启动时所记录的数据可作为一种重要的诊断依据。同时也指出,发动机停车过程的数据可以指出发动机损坏的原因和部位。在一种实用的系统中对下列启动过程参数进行趋势监视:

① 点火时的压气机出口静压 P_{s3};

② 压气机静子可调叶片开始动作的压气机换算转速;

③ 实际的 $\Delta W_f / P_{s3}$ 相对于调节规律名义值的偏差;

④ 启动时间;

⑤ 燃油开始增压时的启动机管道压力、压气机静子可调叶片角度;

⑥ 启动时的排气温度最大值;

⑦ 燃油开始增压后 20 s 的高压转子转速;

⑧ 点燃后排气温度对高压转子转速的斜率。

起飞时发动机均以大功率状态工作,排气温度 EGT 高,起飞排气温度裕度监视,监视起飞状态的 EGT 非常重要。影响起飞 EGT 的主要因素是发动机的功率状态、大气温度 OAT、发动机引气状态和发动机技术状态。显然,发动机部件性能衰退或部件故障所造成的部件效率下降将导致 EGT 增大。广泛采用排气温度裕度 EGTM(EGT Margin)或大气温度极限 OATL(Outside Air Temperature Limit)作为评价发动机技术状态的一种指标。图 5-8 所示为起飞状态发动机在最大功率状态工作时排气温度和推力随大气温度 OAT 的变化。

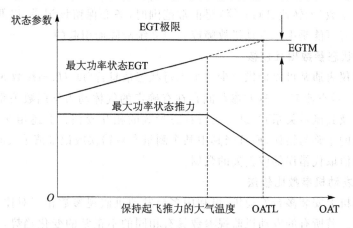

图 5-8　EGTM 和 OATL 示意图

由于可能采用减推力起飞以延长发动机热部件寿命,发动机不在最大功率状态工作,另外大气温度也常常不处在"保持起飞推力的大气温度"之内,因此在计算 EGTM 时应将实测的排气温度换算到在"保持起飞推力的大气温度"下发动机以最大功率状态工作时的排气温度。

当部件出现故障或性能衰退时,EGT 增大,而 EGTM 和 OATL 都减少。为确保在高温下起飞时发动机不发生超温事件,监视系统必须规定排气温度裕度(或 OATL)的极限值和告警等级;对排气温度裕度(或 OATL)变化的趋势分析有利于早期发现发动机工作异常并可用来安排发动机的延寿使用。

在进行起飞排气温度裕度估算时,为保证测量参数的重复性,必须使用起飞过程中规定状态下记录的数据。实际应用时常选择起飞过程中发动机排气温度达到第一个峰值的时刻或飞机达到一定飞行速度的时刻作为规定状态。

对采集和记录的飞行数据进行有效性检查是十分必要的。因为有时发动机测量参数发生很大变化并非发动机本体故障造成,而是由测量系统故障或人为因素引起的。无效的数据导致虚警或漏报,使趋势图失去意义。测量系统故障还有可能导致发动机损坏。例如风扇进口导流叶片角度调节大多与进口总温成一定函数关系,进口总温测量不正确会使角度调节错误而引起风扇喘振。

利用数据有效性检查可将测量系统故障和发动机本体故障区分开,并及时正确地指导排除故障。下面推荐几种数据有效性检查方法。

(1) 测量参数的超量程范围检查

检查飞行记录的每个测量参数值是否在量程范围内。

(2) 测量参数的超正常范围检查

当在某一规定的飞行状态下采集数据时,正确的测量参数应在一定范围内变化。测量参数的变化范围依具体发动机的型号预先给出。本项检查将确定各测量参数是否超出预定范围。当发动机参数(如转速、EGT 等)超正常范围时,务必保留该记录,以便进一步分析原因,因为这种超限有可能是由于发动机故障或测量系统故障而引起的。

(3) 飞行状态参数相互校核

飞机座舱仪表通常可以提供至少 5 个飞行状态信息:高度 H、马赫数 Ma、大气总温 T_{t0}、大气静温 T_{s0} 和指示空速 V_{0i}。这些参数间存在有确定的气体动力学函数关系,可以利用这 5 个参数的实测值及其函数关系式,进行飞行状态参数的相互校核。上述相互校核不仅可以指出飞行状态参数的正确与错误,而且当其中某个测量参数错误或记录值丢失时,可利用函数关系式导出该参数值取代错误的或丢失的数据。

(4) 多台发动机参数比较法

同一架飞机上安装多台发动机,可利用多台发动机监视参数相互对比隔离飞行状态参数测量系统故障。若所有的发动机监视参数具有相同的不正常的变化趋势,这表明飞行状态参数测量有错误。根据被监视发动机的传感器故障——偏差量的范例,可以识别飞机测量系统的故障。

若各发动机的趋势变化不同,可能是发动机参数测量有错误。通过比较同一台发动机的各参数偏差量的不同变化,识别发动机的测量系统故障。

5.3 使用寿命监视和零件寿命管理

在飞机中引入发动机寿命监视和零件寿命管理手段,主要旨在利用机载和地面的发动机寿命监视系统,监视和跟踪发动机限制寿命零件的使用情况,充分利用其可用寿命并进行零件寿命的科学管理从而保证飞行安全并改善经济性。

对军用、民用飞机和直升机,监视发动机使用寿命的基本要求是一致的,军用飞机和直升机在作战使用中,由于飞行剖面的多样化更加重了对这一工作的需求,并使使用寿命的监视和跟踪更加复杂化。

5.3.1 使用寿命监视

1. 监视内容

根据零件故障对发动机的危害程度和可靠性影响的分析,发动机零件可分为:限制寿命的关键件、限制寿命的重要件和不限制寿命的零件。限制寿命的关键件系指其故障将会以结构损坏或机组人员伤亡等形式危及飞机安全;限制寿命的重要件系指其故障虽属非灾难性的,但却严重影响发动机性能、可靠性或使用成本;不限制寿命的零件系指其故障对发动机仅有较小影响,发现坏了,修理或更新即可。发动机使用寿命监视主要是监视和跟踪限制寿命零件,特别是限制寿命关键件的寿命消耗。

限制寿命零件的寿命消耗主要由高循环疲劳(HCF),低循环疲劳(LCF)和蠕变所致。其中重点是监视 LCF 和蠕变引起的寿命消耗。HCF 应力通常由振动引起,零件寿命监视中因难于监测而一般不予考虑。在已知 HCF 影响的情况下,HCF 应力可叠加到 LCF 应力上综合考虑。

(1) 低循环疲劳

低循环疲劳 LCF 系由离心载荷、扭转载荷、气动载荷以及温度梯度和不均匀膨胀等引起的应力循环。其中主要的是离心应力循环(机械的 LCF)和热应力循环(热疲劳)。

(2) 蠕 变

蠕变是零件材料在高温下经受持续载荷所产生的变形。其大小取决于温度、载荷(应力)及其持续时间。

(3) 超限监视和事件记录

超限事件和某些典型事件的性质、程度、持续时间及次数等均对限制寿命零件的寿命消耗有重要影响,且可能导致发动机某些关键零部件严重损伤。典型的事件包括转子超转、涡轮超温、振动超限、启动超温、扭矩超限、喘振失速、加力燃烧室接通等。

2. 监视系统

发动机寿命监视系统可以是相对独立的监视系统,如机载历程记录仪;也可以是整个发动机状态监视系统的一部分,如发动机使用监视系统。

(1) 历程记录仪

历程记录仪主要用于机载监视,由硬件和软件系统组成。硬件系统的核心部分为单片微处理机。配置相应的程序存储器、数据存储器以及计数器,用来记录和显示所需监视的使用寿命参数。软件系统应具有数据实时压缩处理,转速(应力)循环及其他监视参数的提取、存储和检索功能。

(2) 发动机使用监视系统

发动机使用监视系统用于机载和地面监视。它利用了 EMS 硬件系统的数据采集、处理、存储的能力。软件系统通常设计成模块结构,便于修改和扩展,应具有数据有效性检查、传热和应力分析、转速(应力)循环提取、零件寿命消耗计算和评估以及统计分析等功能。同时,应能实现零件寿命管理。

3. 测量参数

直接表征零件寿命消耗的应力参数不便直接测量,通常利用有关的可测参数进行计算。使用寿命监视中,较普遍采用而又直接可测的参数如下:

① 转速(或油门杆角度)和压气机出口压力;

② 燃气排气温度;

③ 压力高度;

④ 指示空速;

⑤ 时间。

测量参数的采样频率应使得每一个输入参数的频率足够高,以便可以清晰地恢复该参数随时间的变化,并避免偏离误差,但采样频率又不能过高而产生不需要的、过多的数据。

4. 监视参数

发动机使用寿命监视中,监视和记录的主要参数如下:

① 飞行小时;

② 地面运转小时;

③ 飞行和地面运转的循环总次数;

④ 主(全程)和次(部分)转速(或压气机出口压力或油门杆移动)循环的类型和次数以及各类循环持续时间;

⑤ 发动机最大功率状态工作时间;

⑥ 加力燃烧室点火次数和使用加力的时间;

⑦ 超转累计时间和次数;

⑧ 超温累计时间和次数。

上述监视参数中有关循环的类型和次数是经过采样、数据处理后得到的。如经过机载或地面有关寿命消耗的计算模型软件计算,还可进一步得到低循环疲劳寿命消耗、蠕变寿命消耗以及蠕变/低循环疲劳交互作用下的寿命消耗等监视参数。

5. 监视方法

针对每一次飞行,对测量参数进行采样和数据实时压缩处理,提取并记录转速(应力)循环数;根据材料性能数据、应力和传热分析数据以及零件寿命消耗分析模型和方法,计算所监视零件的寿命消耗,从而得到每一次飞行的寿命消耗百分数和累计的寿命消耗百分数。

寿命消耗分析方法是分别针对 LCF 和蠕变的作用进行寿命消耗分析并考虑它们对寿命消耗的综合作用。对于发动机冷端零、部件则主要考虑机械的 LCF 的作用。

对于主要由离心应力循环引起机械的 LCF,其分析思路如下:

① 对监测零件进行各种飞行状态下的应力、温度分布计算,确定监测部位和各状态下的工作温度;

② 采用雨流法,对每一次飞行剖面提取转速(应力)循环;

③ 采用局部应力应变法,对超过屈服极限的峰值应力进行修正;

④ 获取零件材料在工作温度下的应力-寿命关系及所需的材料性能数据;

⑤ 计算各应力循环的寿命;

⑥ 应用线性累积损伤理论,将各应力循环寿命的倒数乘以各循环数,相加即得到一次飞行的寿命消耗百分数。

发动机实际转速(应力)循环通常由一个主(标准)循环和若干次循环组成。主(标准)循环定义为零—最大转速—零。根据飞行中的转速(应力)剖面,采用雨流法提取主、次循环。雨流法的主要特点是便于将实测载荷—时间历程以载荷循环的形式表示出来,具有计算所有循环、识别每一循环的最大应力、最小应力和平均应力及其变化的能力。

由以上方法和步骤得到的零件寿命消耗的监测结果应与零件寿命设计和预估分析的结果相比较。推荐的使用寿命限制值应根据具体发动机所积累的使用历史情况和飞行剖面数据来确定。通过对这些数据的分析,可评定发动机寿命预估的准确性,并可对使用寿命进行调整及规定检查周期。

5.3.2　零件寿命管理

1. 管理决策

为保证每台发动机在使用寿命期内的结构完整性和良好的利用率,应对发动机和限制寿命零件进行管理、分类和寿命跟踪。

零件寿命管理系统应做到将发动机和零件的使用寿命监视与其维修管理相结合,应能及时根据零件寿命消耗或剩余寿命做出管理决策并保障零、备件的准备和供应。应该明确规定外场发动机车间、发动机维修基地或翻修厂以及发动机设计、制造部门等各级管理和维修机构的管理权限和维修等级。

对于新研制的发动机，推荐采用总累计循环实施保修跟踪。该循环原来是作为整台发动机实施保修跟踪的依据。然而，在具体应用使用寿命算法（如 LCF 及蠕变）时，它实际上对跟踪零、部件的使用是极灵敏的方法。总累计循环的表示式为

$$T_{ac} = L_{cfe} + (F_{tc}/4) + (P_{tc}/40) \tag{5-5}$$

式中：T_{ac}——总累计循环数；

L_{cfe}——主（标准）循环计数，即 0 至中间及中间以上状态至 0 的循环计数；

F_{tc}——慢车至中间及中间以上状态至慢车的循环计数；

P_{tc}——巡航至中间及中间以上状态至巡航的循环计数。

2．数据库管理系统

作为 EMS 数据库的一个基本组成部分，零件寿命数据库管理系统软件的设计应对数据的管理和分类周密计划、执行并与维修过程很好地综合。系统软件必须具有充分的适应性，以便于处理各类监视系统的输入信息。要求数据处理、数据库结构和数据管理逻辑具有通用性。

利用寿命消耗数据加上发动机的历史数据、维修资料以及机队使用的平均值，从寿命管理的角度可为以下事项提供信息：

① 进行机队发动机使用寿命监视；

② 确定发动机翻修计划；

③ 保障视情维修，包括所需器材的计划安排，适时维修以及对更换的预测；

④ 备件的准备和供应；

⑤ 考查维修历史与飞行剖面和寿命消耗的工作环境之间的关系。

3．有寿命限制的零件

由于使用和维护情况不同，发动机使用的寿命变化较大。虽然民用发动机不给定固定的寿命，但其中的一些零件反复承受着大应力（运行时）与零应力（停车时）的变化，会在反复作用的低循环下疲劳损伤。因此，这些零件不能像发动机那样视情定寿，而是给出严格的使用寿命，这些零件称为有寿命限制的零件 LLP(Life Limited Parts)。属于这类的零件主要是轮盘、鼓筒、轴和机匣等。

一般对 LLP 的寿命限制规定为小时数和循环数，只要达到两者之一的限制，该零件就要从发动机上拆换下来报废，而不能采用经过修理再投入使用的办法。但有些发动机只规定循环数，例如 CFM56。

CFM56—3 发动机规定的 LLP 只给出循环数，共 19 件，如表 5—5 所列。对于同一型号发动机，使用状态不同和工作条件有差异时，规定的寿命也应该不同。

表 5 - 5 CFM56—3 发动机 LLP 的循环数限制值

发动机型别	—3—B1	—3B—2	—3C—1
风扇盘	30 000	24 900	20 100
增压压气机转子	30 000	30 000	30 000
风扇轴	30 000	30 000	30 000
高压压气机前轴	20000	20000	20000
高压压气机 1~3 级转子	20 000	20 000	20 000
高压压气机 3 级盘	20 000	20 000	20 000
高压压气机 4~9 级转子	20 000	20 000	15 800
CDP 封严盘	20 000	18 000	15 000
高压涡轮前轴	8 700	8 100	5 700
高压涡轮前封严盘	20 000	15 800	15 100
高压涡轮轮盘	20 000	18 500	16 600
高压涡轮后轴	25 000	20 000	15 800
低压涡轮轴	30 000	30 000	30 000
低压涡轮短轴	25 000	20 000	20 000
低压涡轮锥轴	23 500	17 400	15 600
低压涡轮 1 级盘	20 000	18 200	15 800
低压涡轮 2 级盘	20 000	16 200	13 900
低压涡轮 3 级盘	20 000	19 600	15 000
低压涡轮 4 级盘	20 000	20 000	20 000

5.3.3 故障报告、分析和纠正措施系统

建立故障报告、分析和纠正措施系统 FRACAS(Failure Report Analysis and Corrective Action System)的目的是保证故障信息的完整和正确,并及时利用故障信息进行分析,以便采取纠正措施实现产品的可靠性增长。整个故障报告、分析和纠正措施系统是一个闭环系统,如图 5-9 所示。

1. 故障报告

故障报告是指产品任何功能级在规定的检验和试验期间发生的故障均应向指定的管理部

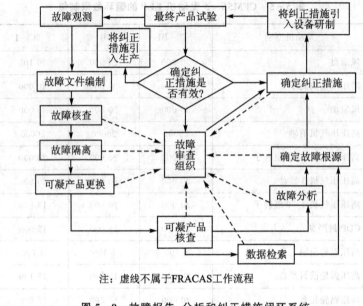

注：虚线不属于FRACAS工作流程

图 5 - 9 故障报告、分析和纠正措施闭环系统

门报告。报告应以故障卡片、电报或文件等书面形式进行，以便审查并存档。对外购件、外协件在供应方、转承制方研制生产过程中发生的故障信息，也须及时汇集到主承制方的信息系统中去。对产品在使用中的故障信息，也应及时收集。故障报告应及时、准确，故障报告应具有良好的可追溯性。

2. 故障分析

故障分析包括故障调查与核实、工程分析及统计分析三部分。对故障的调查与核实，包括调查发生故障的工作状态和环境状态；了解故障现象和特征；调查试验设备、方法和程序是否包含导致故障发生的因素；试验人员操作错误的可能性；可能时，应做故障再现试验，以验证故障和记录故障状态的各种数据。在工程分析中，对故障件进行测试、试验和观察分析，以确定故障部位，弄清故障产生的机理。如有条件，可收集同类产品产生类似故障的数据，估算该类故障出现的概率。

3. 故障纠正

故障纠正是在查明故障原因的基础上，研究并提出纠正措施。纠正措施应经过分析、计算和必要的试验验证，以证明是可行的并且是有效的。故障纠正措施经评审通过后方可实施。必须按技术状态控制要求或图样管理制度对设计或工艺进行修改。故障纠正活动完成后，应编写故障分析报告，汇集各种数据和资料，并立案归档。对未能排除的故障应说明原因，也立案归档，以便追查和进一步排除。

5.4　振动监视和故障诊断

振动监视旨在监视和识别发动机结构系统,主要是转子系统的机械状态和故障。通过振动监视系统对发动机损伤和非正常磨损的早期检测,以提高飞行安全,节约发动机的寿命周期费用。

5.4.1　测量参数和监视参数

1. 测量参数

用加速度传感器或速度传感器感受和测量传感器安装部位的振动加速度或振动速度。

2. 监视参数

一般,振动监视(指示)参数在低频振动时用位移,中间频率振动时用速度,高频振动时用加速度。典型的燃气涡轮发动机转子转速所在的频率范围适于用振动速度作为监视(指示)参数,而采用加速度传感器感受振动信号。

振动监视标准(限制值)按振动总量规定。总量异常时,应能显示或分析振动分量。振动总量是指在一定带宽频率范围内测量和显示的振动量值;振动分量是指经跟踪滤波、窄带滤波或频谱分析得到的单一频率成分的振动量值。

5.4.2　机载振动监视系统

完整的发动机振动监视系统应包括监视和分析发动机振动的硬件和软件,由机载监视系统和地面站组成,如图 5-10 所示。振动监视系统可以作为整个发动机监视系统的一部分,也可以自成独立的监视系统。机载振动监视系统 AVM(Airborne Vibration Monitoring)由信号源、信号传输、信号调节、信号指示与记录等部分组成。

1. 信号源

AVM 系统均通过一个或多个安装在发动机某些部位的传感器测量和监视发动机振动。信号源的质量主要取决于传感器的选择和安装。

振动测量传感器有位移式、速度式和加速度式。现代飞机发动机的 AVM 系统广泛采用压电式加速度传感器感受振动信号。该类传感器的主要技术指标如下:

➢ 灵敏度在 20 ℃时为 10~125 Pc/g(Pc/g 表示当输入 1 个加速度 g 时的电荷量);
➢ 横向灵敏度不应超过敏感轴最大灵敏度的 5%;
➢ 频率响应范围为 5~20 000 Hz;
➢ 双端差分输出。

常用的加速度计结构类型和安装方式有带接插件的外装(机匣表面)加速度计,带整体电缆的外装加速度计、内装（发动机内部轴承座）加速度计、双加速度计等。

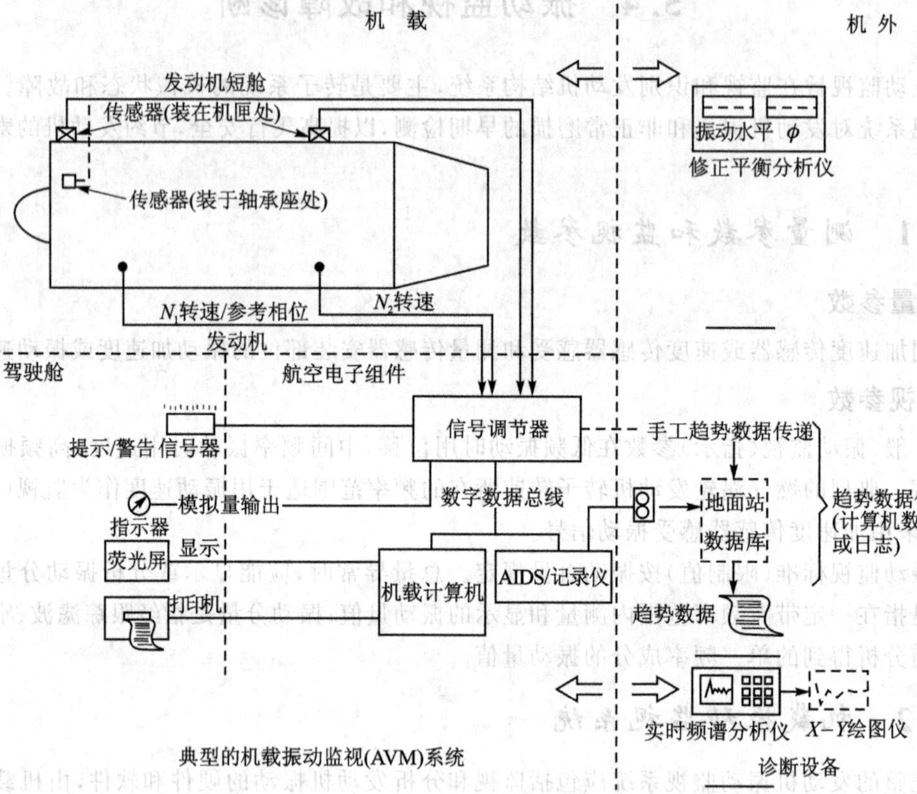

图 5 - 10　发动机振动监视系统

　　传感器在发动机或附件上的安装位置应与被监视的部件有很好的刚性连接。传感器的安装面应选在发动机或附件的本体上。如不可能，则要选用刚性很好的安装托架。传感器和托架组件的第一阶固有频率至少比所要测定的频率大 3 倍。传感器和发动机本体（或托架）的安装面的平行度、垂直度以及连接螺钉的拧紧力矩应明确规定。

2. 信号传输

　　压电式加速度计的压电元件阻抗很高，应采取专门的设计措施使从加速度计传输到放大器的信号避免干扰和失真。

　　加速度计、传输电缆和电荷放大器子系统应由差分电路组成。加速度计的敏感元件应与壳体良好地绝缘，在其最高工作温度下的绝缘电阻不小于 20 MΩ；采用专门的低噪声电缆，电缆在整个传输范围应严格屏蔽，屏蔽通常在信号调节器机壳处接地；电缆应卡紧以避免运动；接插件应采用钢壳圆形螺纹式并带锁紧，应适于应变释放以防止电缆疲劳和产生摩擦电噪声，且应密封以防潮或受油和液压流体的污染。

3. 信号调节器

信号调节器是 AVM 系统的核心部分。其作用是将传感器感受的振动信号经过阻抗变换、放大、积分和滤波处理,提供模拟和(或)数字量的输出。

以差分式压电加速度计作为信号源,信号调节的第一级一般应设置差分电荷放大器。该放大器应具有缓冲的宽频带输出,以适用于信号离线处理所要求的外部保存和分析条件。

为适应振动监视显示不同参数(位移、速度)的需要,信号调节器中应设置积分运算网络。

由传感器所拾取的原始振动信号包含很多频率成分和背景噪声,要求采用各种有效的滤波技术以获取所需要的信号成分。根据转速范围采用定带宽滤波器可获取发动机整个转子转速范围的振动总量;采用窄带跟踪滤波器,可跟踪转子转速而获取特定频率范围的振动分量;也可选用宽带范围(5~10 000 Hz)或在宽带范围内采用多个窄带滤波器(亦称梳状滤波器),除识别转子不平衡引起的振动外,还可识别齿轮、轴承等零件的高频振动故障。

机载信号调节系统应具有机内测试和自检测功能。

信号调节器的输出形式必须与系统对信号的显示、记录或进一步处理的要求相适应。它包括对模拟量的输出增益和阻抗匹配以及对数字量输出的模做转换器的匹配。

4. 信号的指示和记录

信号调节器输出的信号可选用以下几种方式传递:直接传递给驾驶舱的振动指示仪表或显示屏;通过数字数据总线传递给机载计算机存储;通过数字数据总线传递给机载数字式数据记录器。

5.4.3　振动监视方法及功能

1. 告　警

监视系统应能提供振动量超限和 AVM 系统本身状态恶化的告警。要求具有视觉、音响/语音告警指示装置、事件捕捉和存储装置。

最主要的告警功能是振动值超限告警,而关键在于振动限制值的合理确定。发动机设计、制造部门可参考已有的同类型发动机振动限制值,也可会同使用部门,根据内、外场发动机的振动监视值的统计数据确定。例如 B737/CFM56、B777/GE90、A320/V2500 振动告警阈值为 2.0 个单位,对于 B757/RB211 为 1.7 个单位。

2. 趋势分析

考查振动监视(指示)参数随时间的变化趋势及趋势的变化速率,并据以发现潜在的故障,应正确选择数据点的数目和合理的数据平滑方法。振动趋势改变 1.0 个单位时,提出警告通知,工程技术部门应制订维修预案。

3. 频谱分析

对宽带振动信号进行频谱分析，获得瀑布图，能较准确地识别机械故障，并对故障隔离，如图 5-11 所示。通常谱分析仪是在地面试车使用，也可以机载使用。

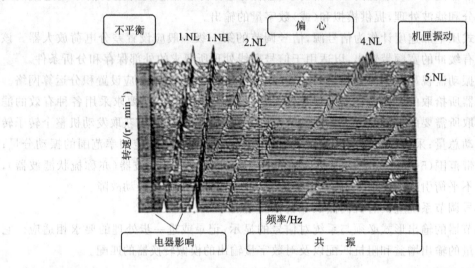

不平衡　　　偏　心　　　机匣振动

1.NL 1.NH　　2.NL　　　4.NL

5.NL

转速/(r·min⁻¹)

频率/Hz

电器影响　　　　　　共　振

图 5-11　故障诊断用频谱图

从图 5-11 可以看出，横坐标为频率，纵坐标为转速，由不同转速组成频谱图。图中低频段有两条不随频率变化的峰值线，表征是受电器等因素影响产生的信号。标注 1.NL 和 1.NH 的两条峰值线是 1 倍频（与转子转速同频）的低压和高压转子振动，表征转子不平衡振动。标注 2.NL 的是低压转子转速 2 倍频的振动，表征转子偏心振动。标注 4.NL 和 5.NL 的峰值线表征机匣振动。

4. 响应特性分析

响应特性分析要求监视系统的测量和记录是在整个飞行过程中，包括加速、减速及稳态过程，以及每台发动机各振动传感器安装部位的振动响应的时间历程。在地面站由计算机对记录信号进行处理，做出各状态的振动响应曲线。通过与转子系统动力响应特性曲线或与典型故障的响应曲线进行对比，实施监视和故障诊断。

5. 本机平衡

AVM 系统中使用窄带跟踪滤波器主要是监视和诊断因转子不平衡引起的振动。如发现不平衡量过大，可适时地进行本机（现场）平衡修正。通过窄带跟踪滤波器与转子转速严格同步，再在转子上加装参考相位标志，即可准确地判断转子不平衡量的大小和相位。目前主要用于对风扇进行本机平衡，也可进一步扩展功能，实现低压涡轮的本机平衡。采用本机平衡手段可显著节约维修工时和燃油消耗量，还能明显减少二次损伤。

5.4.4　振动分析与故障诊断

对振动信号进行频谱分析,能较准确地识别机械故障。要进行频谱分析,其前提是应该有宽带(一般为 5~10 000 Hz)模拟量的信号源;记录仪和信号分析仪的采样频率应该满足采样定理的要求。当需要进行频谱分析时,随飞机配置便携式信号分析仪或高频响记录仪。振动故障的原因与频谱特征一般有以下对应关系:

(1) 转子不平衡

其振动频率与转子转速同频。

(2) 偏心振动

转子—支承—机匣不同心,直轴绕不同心机匣旋转,会出现振动频率是转速的 2 倍频。

(3) 尾流激振

由于支柱、风扇、螺桨、静子叶片等引起下游叶片振动,其振动频率是转速的 Z 倍频,Z 为支柱等结构数目。

(4) 气体激振、电器信号等

它与转速无关,可通过三维瀑布图,看是否与转速频率无关。气体激振源有压气机喘振、叶片旋转失速、振荡燃烧等。

5.5　滑油系统的监视和故障诊断

滑油系统的基本要求:

① 发动机在飞行包线内工作时,滑油系统应能正常工作,保证供给发动机所需的滑油,并能保持滑油处在给定的温度范围内;

② 滑油消耗量要小;

③ 在低温条件下,系统应能迅速而可靠地启动;

④ 各种附件,特别是油滤、磁堵和调压活门等应便于接近,便于进行调整、检查和维护,对系统故障症候应能及早发现。

5.5.1　目 的 和 功 能

滑油系统监视和故障诊断的目的是通过润滑油有关的信息监视滑油本身的理化性能以及发动机中所有接触滑油的零部件的健康状况,并诊断它们的故障,其中包括滑油系统本身的零部件,如增压泵、回油泵、燃油/滑油散热器等,也包括与滑油接触的零部件,如齿轮、轴承、传动轴等。

图 5-12 所示为航空燃气涡轮发动机的典型滑油监视系统。

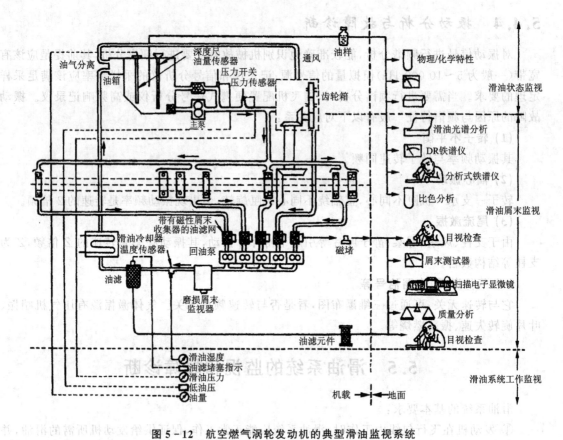

图 5-12 航空燃气涡轮发动机的典型滑油监视系统

其监视功能如下：

➤ 利用滑油系统工作参数,监视滑油系统的工作状态和发动机有关零部件的工作状态;

➤ 通过分析滑油中的屑末状况,监视接触滑油的发动机零部件的健康状况;

➤ 通过分析滑油的理化性能,监视滑油自身状态并提供有关发动机工作异常的信息。

5.5.2 滑油系统工作状态监视

滑油系统工作状态的监视参数有滑油压力、滑油温度、滑油储量和滑油消耗量以及滑油滤堵塞指示。监视方法是超限告警和趋势分析。

1. 滑油压力

造成滑油压力增高的原因可能有滑油喷嘴堵塞、油滤堵塞或调压器工作不正常;而泄漏油管破裂(或不通)、油泵故障、油面太低、调压活门工作不正常等都可能造成滑油压力降低。显然,过高和过低的滑油压力都是不允许的。一旦滑油系统不能保证发动机轴承和齿轮等部件的正常润滑,将造成发动机出现致命的损伤,因此滑油压力应在飞机座舱显示、记录,并在超限时告警。

滑油压力传感器安装在滑油系统供油油路中,其种类有应变计式、电容式、电感式、压电式等。

滑油供油不足可能会造成发动机的事故,例如早期的 RB211 发动机前轴承供油不足,造成发动机风扇甩出,如图 5-13 所示。

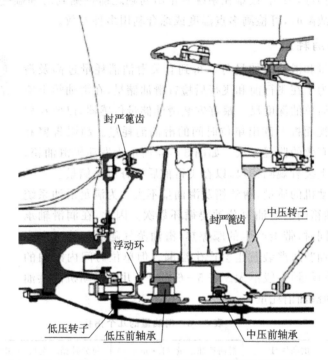

封严篦齿

封严篦齿　中压转子

浮动环

低压转子　　低压前轴承　　中压前轴承

图 5-13　RB211 发动机低压和中压前轴承位置图

通过故障原因分析发现:1、2 号轴承由一根油管供油,而使 1 号轴承供油不足,造成轴承磨损,转子稍偏,封严环磨损,滑油外泄,油腔温度升高,滑油自燃,风扇轴退火丧失强度,并在轴向力作用下拉断;同时,保持轴未能起作用。

通过对 RB211 发动机进行排故分析,采取了如下措施:

➢ 对 1、2 号轴承分管供油;

➢ 加大 1 号轴承滑油供油量(加倍);

➢ 封严环固定螺钉直径由 6.35 mm 提高为 7.94 mm,紧固力提高 3 倍;

➢ 增加一套刹车片式的保持装置,在转三转后(6 300~6 500 r/min 时)可将转子刹住而不被甩出。

2. 滑油温度

高的滑油温度与其他滑油系统监视参数一起,可指出发动机子系统的故障。探测滑油温度的传感器有两种安装位置:若安装在回油端,则能检测轴承的严重损坏或热端封严泄漏;若安装在滑油散热器的下游,当散热器堵塞时会导致超温指示。机载系统需监视油温超限。

由于影响滑油温度的因素很多,如发动机转速、飞行高度和马赫数以及燃油温度(采用燃油/滑油散热器时)等,因此,很难在系统真正出问题之前检测到滑油温度缓慢或很小的变化。在诊断滑油系统故障时,可检测多点温度或综合利用多种参数。

3. 滑油储量和消耗量

监视滑油储量和滑油添加量可以得到有关滑油消耗量过高及滑油泄漏的信息。为了在飞行前和飞行后检查滑油储量,在滑油箱上应装有观测标尺或简单的深度尺。最好安装滑油储量传感器,以便在驾驶舱或在维修监视面板上读出单位时间的滑油消耗量。超限告警和趋势分析是一种有效的监视方法。如图 5-14 所示为发动机滑油箱,可以看到滑油箱上装有观测标尺,以在飞行前后检查滑油储量。

为了减轻发动机的质量,滑油箱及滑油量不大。为满足滑油系统供油量的要求,油箱内的滑油每分钟要循环数次。因此,在润滑轴承和齿轮等部件的同时,带走产生的摩擦热,滑油蒸气随通气管逸出到外界大气,另外,油腔封严装置也会产生溢漏。但单位时间内滑油的损耗量(即滑油消耗量)一般不大。表 5-6 列出了几台发动机的供油量、滑油箱容量和滑油消耗量。

图 5-14 滑油箱

表 5-6 滑油量的几个指标

发动机	供油量/L	滑油箱加油量/$(L \cdot min^{-1})$	每分钟循环次数	滑油消耗量/$(L \cdot h^{-1})$
WP7	22.5~25.4	11	2.04~2.3	≯1.2
WP13	25~29	11	2.27~2.63	≯1.2
JT3D	34.28~39.20	23.09	1.48~1.70	0.473
MK202	32.05~32.96	11.93	2.68~2.76	0.43

针对滑油消耗量检测参数,当满足以下条件时,发动机性能控制部门需发出告警通知,工程技术部门应制订维修预案:

① B777/GE90 发动机滑油消耗量趋势值达到或超过警戒值 0.795 2 L/h;

② B757/RB211 发动机滑油消耗量趋势值达到或超过警戒值 0.681 6 L/h;

③ B737/CFM56 发动机滑油消耗量趋势值达到或超过警戒值 0.340 8 L/h;

④ A320/V2500 发动机滑油消耗量趋势值达到或超过警戒值 0.227 2 L/h;

⑤ 各机型发动机滑油消耗量趋势持续上升到正常趋势值的 2 倍。

4. 滑油滤堵塞指示

典型的传统滑油系统,它的进油路增压泵后面设有调压活门,调压后的滑油进入细油滤,并设有旁路安全活门。如果滑油滤堵塞,会引起滑油供油不足,为保证发动机始终有滑油供给,发动机的油滤设有旁路活门,使它们在压差升高时能打开。当通过油滤前后压差超过限定值后,如 $\Delta p \geqslant 0.8 \times 10^5$ Pa,则对油滤堵塞状态进行告警灯指示。但压差超过某一规定的限制值后,如 $\Delta p \geqslant 1.35 \times 10^5$ Pa,则堵塞旁路活门打开,滑油将未经过油滤直接进到零件部位,可能会造成对被润滑部件的损伤。如果发动机是在油滤打开旁路的情况下工作,接触滑油的零组件可能被循环的屑末所损伤。这时,通过机械式或电子式旁路指示器在监视面板指示这种状态。在新一代滑油系统的增压油路中不设调压活门,供油压力即供油量是随发动机转速的加大而增加的。一般在座舱仪表板上有回油滤堵塞指示灯,还有为地面维护用的油滤堵塞指示器。这种新一代滑油系统,回油总管备有细油滤,使滑油以较清洁状态返回油箱,回油总管中的细油滤带旁路安全活门及堵塞指示灯传感器,如图 5 - 15 所示。

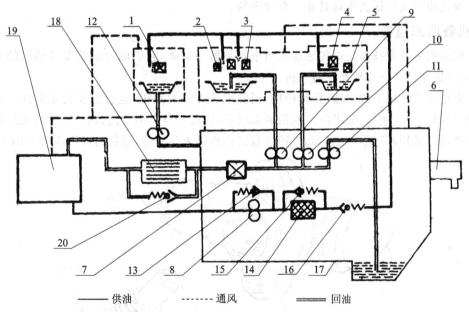

———— 供油 ------ 通风 ═══ 回油

1—低压压气机前轴承;2—低压压气机后轴承;3—高压压气机后轴承;4—高压涡轮轴承;
5—低压涡轮前轴承;6—离心通风器;7—油气分离器;8—增压泵;9,10,11—回油泵;
12—前支点辅助回油泵;13—调压活门;14—高压油滤;15—油滤旁路活门;
16—单向活门;17—湿油箱;18—散热器;19—干油箱;20—旁路活门

图 5 - 15 滑油供油和回油系统

5.5.3 屑末监视

滑油除起润滑和冷却作用外,还是屑末的运输媒介。发动机滑油屑末监视的最主要任务就是及时发现由于滚动和滑动表面产生的磨损屑末,判断摩擦件的健康状况并避免造成严重的发动机二次损伤。

评定屑末状况的参数有屑末含量、产生的速率、材质、形状、尺寸、尺寸分布、颜色成分等。现在已有许多种屑末监视方法,它们因测量参数和测量的范围不同而异。应用最广泛的屑末监视方法及其相应的最有效屑末范围如下:

➢ 磁性屑末收集器为 $50\sim1\,000\;\mu m$;

➢ 电屑末检测器为 $50\sim1\,000\;\mu m$;

➢ 铁谱技术为 $1\sim100\;\mu m$;

➢ 光谱分析技术为 $<10\;\mu m$。

对于产生多种尺寸屑末的故障模式可以应用上述两项或三项技术进行诊断,这对决定更换发动机或单元体送去维修是非常有帮助的。

1. 机载屑末监视

机载屑末监视技术是以传感器或屑末收集器为基础,它们固定安装在发动机的滑油系统中,所收集到的屑末在地面上做分析。

常用的磁性屑末收集器(俗称磁堵)通常安装在回油路中,也有的安装在附件或传动齿轮箱中,如图 5-16 所示。如果位于油箱油面以下,应设有自关闭活门,以便在检查磁堵时不需要排掉滑油。采用高可靠性的快卸自锁装置的磁性屑末收集器,装拆时既不需要专用工具,也不

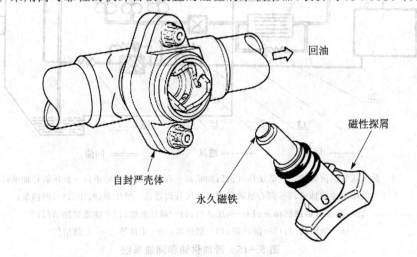

回油

磁性探屑

自封严壳体

永久磁铁

图 5-16 磁性屑末收集器

需要锁丝。它的最佳安装位置既要满足可达性要求,在有故障征兆时,又可方便地进行检查。当屑末收集器作为主要的故障检测器时,一般情况下检查周期为 20~25 h。

座舱显示的电屑末检测器是具有连续显示功能的磁性屑末收集器。电屑末检测器感应电极的连通,既可能是由较少的大屑末造成的,也可能是由较多的小屑末造成的。

采用滤网型全流量屑末收集器可过滤全部流过的回油,这种收集器对屑末的检测效率非常高,检测故障的能力也强。

磁性屑末收集器对于检测产生含有大块磁性屑末(100 μm 或更大)的故障模式是最有效的,如轴承、齿轮、泵等元件的表面疲劳剥落等;也可有效地检测出轴承打滑、齿轮和泵的划伤、花键磨损等产生的较小屑末。电屑末检测器可实现机载实时监视,其缺点是屑末不易消除,没有趋势分析能力,虚警率较高。

为了提高屑末捕捉效率,可使用全流量屑末监视方法和使屑末从滑油中分离的方法。为了对接触滑油的发动机部件和轴承部件进行故障隔离,需要在多处安装传感器,例如对一个"主—从"系统的组合方案,可在主回油路上安装一个高性能的全流量屑末监视器(主),在各个轴承回油路和附件齿轮箱中安装磁性屑末收集器(从)。

在传感器处,可供检测用的屑末取决于滑油系统的传输效率 η_T,即

$$\eta_T = \frac{N_A}{N_S} \tag{5-6}$$

式中:N_A——到达 A 点的屑末量;

N_S——所产生的总屑末量;

η_T——到达 A 点占总产生屑末的比例。

例如,通常屑末会被留在拐角处或沉积在吸油池或贮油箱中。因此,η_T 取决于滑油系统的布局、滑油流速及屑末尺寸。

屑末捕捉效率 η_C 为

$$\eta_C = \frac{N_T}{N_A} \tag{5-7}$$

式中:N_T——在屑末传感器上的屑末量;

η_C——传感器能为检测故障而捕捉到屑末的能力。

由于屑末会粘在小容腔的壁面等处,或传感器磁性不足等,因此 η_C 是传感器特性、屑末尺寸、流速以及用于安装传感器的内腔的设计等参数的函数。

屑末指示效率 η_I 为

$$\eta_I = \frac{N_I}{N_T} \tag{5-8}$$

式中:N_I——传感器指示出的屑末量;

η_I——传感器指示屑末量的能力。

η_I 表示传感器和系统对于给定尺寸和材料的屑末灵敏度,因为并不是所有在传感器上的屑末都能被指示出来。

屑末检测概率 η_D 为

$$\eta_D = \eta_T \eta_C \eta_I = \frac{N_I}{N_S} \qquad (5-9)$$

在地面上对所收集屑末进行分析。首先对屑末进行分类。用磁铁将屑末分成非磁性的及磁性的物质,两者又可各分为金属的及非金属的,然后利用这四种屑末的属性判断产生屑末的来源。通常有以下特征:

- ➤ 金属磁性:轴承掉块、齿轮掉块、零件碎片;
- ➤ 金属非磁性:不锈钢、滤网碎片、轻合金、铜、银、铬;
- ➤ 非金属磁性:积碳(带磁性的);
- ➤ 非金属非磁性:积碳、砂、石墨密封材料。

发动机维修手册应该有很好的典型屑末图例,并具备与可能产生的故障模式和严酷程度相关联的屑末尺寸和数量的指南。采用具有能谱的扫描电子显微镜,可辨别屑末的成分,这有助于故障检测和故障隔离。

2. 地面屑末监视和故障诊断

地面屑末监视和故障诊断是对地面采集的滑油样品中的屑末进行分析。其方法有滑油光谱分析 SOAP(Spectrometric Oil Analysis Program)、铁谱分析、金属扫描法、比色滑油分析、扫描电子显微镜分析等,其中滑油光谱分析和铁谱分析是最常用的。

采用仔细的和始终相同的滑油取样方法是至关重要的。取出的油样必须能代表循环着的滑油,以使分析结果有效。最通用的方法是用一根取样管通过油箱口插入油箱中心取样,另一种方法是用特殊的取样活门(常用的是放油)。每次滑油取样应在发动机停车后规定的时间及在基本相同的位置上抽取,以保证最大限度的一致性。建议取样的时间不要超过发动机停车后 15~20 min。取样间隔根据经济性、工作状态及被监视的发动机过去的故障历史情况确定,可能短到某些军用飞机每次飞行提取一次,长到某些民用飞机大于 50 飞行小时才提取一次。

磨损失效分类及特征的通用标准是没有的,而对于某一个零件在具体的工作条件和可靠性的要求下,是可以定出相对标准的,并视其具体的工作条件和影响后果等诸因素综合确定。例如航空发动机的主轴承,有轻微的失效也会引起转子系统的不平衡;而地面设备齿轮,轮齿即使磨去几毫米也可以照常工作。

零件磨损的表面损伤外观、磨损机理及对应的航空发动机部位如表 5-7 所列。

零件磨损形式、磨损颗粒种类及对应的航空发动机部位如表 5-8 所列。

零件磨损类型及其形态特征如表 5-9 所列。

表 5 - 7　磨损表面外观

磨损机理	损伤表面外观	航空发动机部位
疲劳	裂纹、点蚀	发动机主轴承、减速器齿轮
磨料	擦伤、沟纹、条痕	有摩擦副的零组件
粘着	锥刺、鳞尾、麻点	高速、高温、重载下的发动机齿轮、轴承
腐蚀	反应产物:膜、微粒	气流通道零件容易发生磨蚀、磨损

表 5 - 8　磨损颗粒种类

磨损形式	磨损颗粒种类	航空发动机部位
疲劳	疲劳剥块、球状磨粒、层状磨粒	发动机主轴承、减速器齿轮
掉块	切削磨粒	有摩擦副的零组件
粘着	正常滑动磨粒、严重滑动磨粒	高速、高温、重载下的发动机齿轮、轴承
腐蚀	红色氧化物微粒、黑色氧化物微粒	气流通道零件容易发生磨蚀、磨损

表 5 - 9　磨损颗粒种类

磨损颗粒类型	形态特征
微缓磨粒	长为 $15\sim0.5\,\mu m$,宽为 $0.15\sim1\,\mu m$,长与宽之比 10∶1
层状磨粒	长为 $20\sim50\mu m$,长与宽之比 30∶1
粘着磨粒	长为 $15\mu m$ 以上,长与宽之比 10∶1
切削磨粒	长为 $25\sim100\,\mu m$,宽为 $2\sim5\,\mu m$,厚为 $0.5\,\mu m$
疲劳剥块	长度大于 $10\,\mu m$
球状磨粒	直径为 $1\sim5\,\mu m$
氧化物磨粒	亚微米级

　　光谱分析是对滑油样品燃烧时产生的光谱进行测定,用光谱的频率和强度确定被检测元素的含量。根据各种被检测元素的浓度和增长趋势,进行超限检查和趋势分析。若已知接触滑油零件的材料成分,则可由屑末中不同元素的含量和变化趋势,诊断发动机的机械系统故障。现代光谱分析可提供分析 20 种不同元素的能力,而最常见的元素有 6～9 种。用常规取样可检测到的最常见元素及故障所在部位如下:

　　① 铁——可能是齿轮、花键、轴承内外环以及旋转件的磨损;

　　② 钼——可能是由高温、高强度钢制造的轴承零件的磨损;

　　③ 铝——可能是某些齿轮箱、调整垫及垫片产生的磨损;

　　④ 铜——可能是某些青铜制造的合金部件,如轴承隔圈等产生的磨损;

⑤ 银——可能是电镀件如轴承隔圈等产生的磨损；

⑥ 钛——可能是轴承外套产生的磨损。

监视磨损金属浓度的变化率比监视屑末浓度值本身更重要。当浓度或浓度的变化率超限时，要求重新取样分析，以确认分析结果。如果结果被确认，建议采取附加的检查措施加以验证。如果发动机的某个零件含有特定的成分，则典型的屑末样本可用于故障隔离。

常用的滑油光谱分析仪有两种类型：原子发射光谱分析仪和原子吸收光谱分析仪。后者分析灵敏度高，但花费时间多。由于两种分析仪采用不同的样品燃烧方式，以致对同一油样给出不同的结论，所以为了诊断故障，使用部门应为每一种分析仪建立磨损金属浓度指南。

滑油光谱分析（SOAP）的应用情况简述如下：

在发动机发展早期，并未对滑油系统赋予监视发动机健康状态的职责，当时发动机的滑油油滤只起清洁滑油的作用，避免滑油中的屑末对轴承和齿轮造成损伤。20 世纪 60 年代初期，磁堵开始用于滑油回油管路中，其作用也是用于清洁滑油。直到 60 年代中期，发动机中才将滑油光谱分析技术用于监视发动机机械传动部件的健康状况，而且取得了较好的效果，从此，SOAP 成为发动机健康状况监视的一种必备手段。进入 70 年代，开始将从油滤与磁堵收集的屑末作为监视发动机健康状况的介质。此后，SOAP 与屑末（chip）分析成为发动机健康状况监视的必要手段。

但是，20 世纪 80 年代后，一些新发展的民用发动机，已不采用 SOAP 了，例如，在北京飞机维修工程有限公司（AMECO）所维修的大发动机中，普惠公司的 PW4000、罗罗公司的 RB211—535E4 都不用 SOAP，而仅有 CFMI 公司的 CFM56 发动机既用屑末分析也用 SOAP。AMECO 是根据生产公司提供的发动机维修手册中的规定而确定是否采用 SOAP 的，这些发动机不采用 SOAP 的原因可能是：①对磁堵与油滤屑末的检查分析能更直观地反应机械零件的可能损伤，也比较容易隔离故障；②SOAP 与滑油粘度分析在看不出明显异常时，须等实验室的分析结果，时间滞后一些，而其分析结果基本与屑末分析相类似；③现代发动机滑油滤滤网尺寸很小（15～30 μm），滑油中的屑末少；④光谱很不准确，还要多次验证，包括其他方法验证。

从优化维修计划考虑，在保持可靠性水平的前提下，尽量减少维修检查项目，同时也可降低维修费用。

用于 A330 客机的遄达 700 发动机，在其维修手册中也只要求对磁堵和油滤收集的屑末进行分析，不要求采用 SOAP。

澳大利亚民用航空安全局 CASA 于 2003 年 4 月 1 日发布的 AWB 79 - 1 Issue 1 *SOAP Applicability* 文件中，明确指出 CASA 对航空公司在进行发动机维修工作时，是否采用 SOAP 不作硬性规定，而按发动机制造商拟定的维修计划来执行，如该计划中没有 SOAP 要求，可以不作 SOAP。

综上所述，SOAP 目前已不作为发动机在维修时必需的项目。

滑油光谱分析技术是行之有效的监视手段,但也有其局限性,一般只能有效地检测出悬浮于油中小于 10 μm 的磨屑。它不能给出磨屑的外形和尺寸,因而损失了一些有利于监视和诊断的重要信息。铁谱分析技术能弥补这些不足,其最有效的颗粒分析范围是 1~100 μm。

直读式铁谱仪用光学法测定在谱片两个位置上的屑末量;分析式铁谱仪可得到屑末显示图,如图 5-17 所示。屑末的形状和组织揭示了磨损的模式,与典型的屑末样本对比可隔离故障。可采用直读铁谱仪给出磨损严重程度的指示,当这个指示增加或者指示增加的速率变大时,再用分析式铁谱仪确定它的磨损类型。

用于探测滑油中金属屑末的最新方法是 MetalScan(金属扫描)法。MetalScan 亦称在线滑油磨粒监测仪(In-line Oil Debris Monitor),是目前技术最先进、最有效的磨损金属监测系统。它能实现在线、全液流监测的油中磨粒报警仪,能及时捕获油液中铁磁性及非铁磁性磨损金属屑末,对发动机的隐患提供可靠的早期报警。

MetalScan 具有高的检测效率,能自动测定发动机滑油系统中磨损金属的数量和大小,为工作人员提供:各种尺寸范围的屑末数量及质量,屑末类型(磁性/非磁性),屑末总数与总质量等。

MetalScan 的传感元件由绕在非导电的管子上的 3 个线圈组成,如图 5-18 所示。两个磁场线圈由交流电驱动,在传感线圈中产生相反磁场,当滑油通过此截面时,滑油中金属屑末产生磁场扰动,能被准确识别并在中心传感器线圈中产生感应电压,经处理后能判读屑末数量与质量。

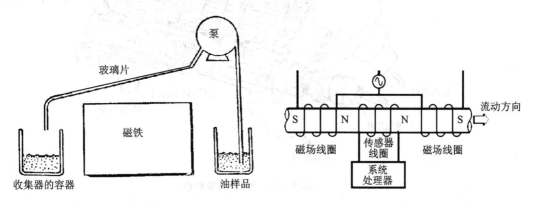

图 5-17　铁谱分析技术　　　　　　图 5-18　MetalScan 示意图

一般将 MetalScan 安装在回油管路中,可在线工作,连续监测发动机的磨损。当滑油流过传感器时,金属屑末即被分类、测定尺寸和计数,这些数据可立即显示给工作人员,也可存储在仪器中,当屑末总数或总质量达到即将发生失效的界限时,即发出告警信号。

最初,MetalScan 是为 F—22 用的 F119 发动机研制的,目前已较广泛地用于地面燃机及舰船燃机上,例如 GE 公司的 LM1600、LM2500 及 LM6000,普惠公司的 FT4 和 FT—8 等燃机已有十余年的使用经验。但是,目前国内使用的干线客机发动机尚未采用这一技术。

5.5.4 滑油理化性能监视

对滑油进行理化性能监视,可以提供关于滑油状态以及某些发动机工作异常的信息。影响滑油理化性能降低的速度和程度的因素有通气、温度、滑油消耗量、滑油系统的容量和滑油的成分。可对滑油的氧化性、附加损耗、胶体杂质的含量、被燃油稀释、闪点和总酸值等理化性能进行测试,以确定滑油的可使用性。

航空发动机采取燃/滑油散热器,如图 5-19 所示。它们的损伤会造成两种不同油的串流,从滑油化学性能分析可以得到故障信息。

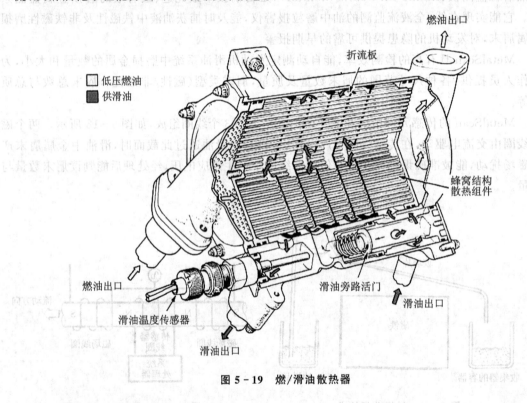

图 5-19　燃/滑油散热器

5.5.5 滑油监视系统的设计考虑

在设计滑油监视系统时应考虑下列因素:

① 接触润滑零部件的磨损类型、严重程度及故障模式;

② 滑油过滤程度;

③ 磨损屑末在滑油系统中的传送;

④ 发动机单元体化的程度以及单元体更换的准则；

⑤ 故障检测和故障隔离能力以及维修人员的水平；

⑥ 寿命周期成本等。

对于机载滑油监视，还应考虑如何将屑末收集器或检测器组合在滑油系统中，以及它们的使用环境；机载设备的质量和可靠性；检查和清洗的要求和可达性；指示器位置的选择以及机内测试设备。

对于地面滑油监视，还应考虑滑油取样的措施和设备、取样周期、从采集油样至得到分析结果所需的时间等。

思考题

5-1　发动机状态监视的作用是什么？

5-2　发动机性能监视的适用范围是什么？

5-3　滑油系统监视的功能有哪些？

5-4　光谱分析的作用是什么？

5-5　使用寿命监视中，监视和记录的主要参数有哪些？

5-6　机载振动监视系统的作用是什么？

附　录　英文缩写词

ACARS(Aircraft Communications Addressing and Reporting System)飞机通信寻址和报告系统

ACMS(Aircraft Condition Monitoring System)飞机状态监控系统

ADEM(Advanced Diagnostics & Engine Management)先进诊断和发动机管理

AMP(Airline Maintenance Program)航空公司维修方案

AVM(Airborne Vibration Monitoring)机载振动监视系统

BDAR(Battlefield Damage Assessment and Repair)战场评估与修复

CAMP(Continuous Airworthiness Maintenance Program)持续适航维修方案

CMCS(Center Maintenance Computer System)中央维修计算机系统

CMR(Certification Maintenance Requirements)审定维修要求

DMF(Direct Maintenance Man-Hours per Flight Hour)每飞行小时直接维修工时

ECM(Engine Condition Monitoring)发动机状态监视

EFH(Engine Flight Hour)发动机飞行小时

EGT(Exhaust Gas Temperature)排气温度

EHM(Engine Health Management)发动机健康管理系统

EICAS(Engine Indication and Crew Alerting System)发动机指示与机组告警系统

EMS(Engine Monitoring System)发动机监视系统

ETOPS(Extended-range Twin-engine Operational Performance Standards)双发动机延程飞行

FADEC(Full Authority Digital Electric Control)全功能数字式电子控制

FMEA(Fault Mode and Effect Analysis)故障模式和影响分析

FRACAS (Failure Report Analysis and Corrective Action System)故障报告、分析和纠正措施系统

GVI(General Visual Inspection)外观检查

HFE(Human Factors Engineering)人机工程学

IDG(Integrated Drive Generator)整体驱动发电机

IFSD(In Flight Shut Down)空中停车率

LLP(Life Limited Parts)有寿命限制的零件

LRU(Line Replaceable Unit)航线可更换组件

MFHBF(Mean Flight Hours Between Faults)平均故障间隔飞行小时

MMEL(Master Minimum Equipment List)主最低设备清单

MPD(Maintenance Planning Data)维修计划文件

MPP(Maintenance Program Proposal)维修大纲建议书

MRB(Maintenance Review Board)维修审查委员会

MSC(Maintenance Steering Committee)维修指导委员会

MSG(Maintenance Steering Group)维修指导小组

MSI(Maintenance Significant Item)重要维修项目

MTTR(Mean Time To Repair)平均修复时间

OATL(Outside Air Temperature Limit)大气温度极限

OCM(On Condition Maintenance)视情维修

OMS(Onboard Maintenance System)机载维修系统

PHM(Prognostics and Health Management)诊断和健康管理

PMPG(Progressive Maintenance Planning Guide)改进的维修计划指导

QECU(Quick Engine Change Unit)快速更换发动机体

RCM(Reliability Centered Maintenance)以可靠性为中心的维修

SOAP(Spectrometric Oil Analysis Program)滑油光谱分析

SSI(Structurally Significant Item)主要结构项目

SVR(Shop Visit Rate)返修率

TBO(Time Between Overhaul)翻修间隔期限

UER(Unscheduled Engine Removal)提前换发率

VBV(Variable Bleed Valve)可调放气活门

VSV(Variable Stator Vane)可调静子叶片

参 考 文 献

[1] 章国栋,陆廷孝,屠庆慈,吴真真.系统可靠性与维修性的分析与设计[M].北京:北京航空航天大学出版社,1992.

[2] 陈光主编.航空发动机设计手册(第三册)[M].北京:航空工业出版社,2000.

[3] 陈光.航空发动机结构设计分析[M].北京:北京航空航天大学出版社,2006.

[4] 孔瑞莲.航空发动机可靠性工程[M].北京:国防工业出版社,1997.

[5] 甘茂治.维修性设计与验证[M].北京:国防工业出版社,1997.

[6] 常士基.现代民用航空维修工程管理[M].太原:山西科学技术出版社,2002.

[7] 王再兴.民用航空器外场维修[M].北京:中国民航出版社,2000.

[8] 陈学楚主编.现代航空维修理论[M].北京:国防工业出版社,2003.

[9] Kinnison Harry A.航空维修管理[M].李建珺,李真,译.北京:航空工业出版社,2007.

[10] 中国民用航空总局航空器维修人的因素课题组.人的因素案例集——民用航空器维修差错[M].北京:中国民航出版社,2003.

[11] Scott R L. Reliability Centered Maintenance (RCM) on USAF Gas Turbine Engine[M]. NDIA Conference,Sept. 16th,1998.

[12] 陈光,洪杰,马艳红.航空燃气涡轮发动机结构[M].北京:北京航空航天大学出版社,2010.

[13] GJB 1909.5—1994.装备可靠性维修性参数选择和指标确定要求(军用飞机)[S].北京:国防科工委军标出版部,1994.

[14] GJB 312.3—1987.飞机维修品质规范/航空发动机维修品质的一般要求[S].北京:国防科工委军标出版部,1987.

[15] Alan Chalifoux, etc. Streamlined Reliability Centered Maintenance[R]. AD—A376086,1999.

[16] 左洪福,蔡景,吴昊,陈志雄.航空维修工程学[M].北京:科学出版社,2011.

[17] 王自力.可靠性维修性保障性要求论证[M].北京:国防工业出版社,2011.

[18] 吕川.维修性设计分析与验证[M].北京:国防工业出版社,2012.